U0175180

你一生的化学反应

孙亚飞 —— 著

天津出版传媒集团

天津科学技术出版社

图书在版编目（CIP）数据

你一生的化学反应 / 孙亚飞著. —— 天津 : 天津科学技术出版社, 2024.1

ISBN 978-7-5742-1693-8

Ⅰ.①你… Ⅱ.①孙… Ⅲ.①化学 – 普及读物 Ⅳ.①O6-49

中国国家版本馆CIP数据核字(2023)第237263号

你一生的化学反应
NI YISHENG DE HUAXUE FANYING
责任编辑：刘　颖

出　　　版：天津出版传媒集团
　　　　　　天津科学技术出版社
地　　　址：天津市西康路35号
邮　　　编：300051
电　　　话：（022）23332372
网　　　址：www.tjkjcbs.com.cn
发　　　行：新华书店经销
印　　　刷：北京盛通印刷股份有限公司

开本880×1230　1/32　印张11　字数235 000
2024年1月第1版第1次印刷
定价：65.00元

目录

呼吸：化学反应的开始

1. 你的第一次呼吸

当你用一声啼哭宣告自己降临到这个世界的同时，你便开始了自己的第一次呼吸。从此，你也将开启一段属于你自己的"化学人生"。

在我们不算漫长的生命里，时时刻刻都离不开的是复杂而又规律的化学反应。看似习以为常的一呼一吸，却有成千上万个反应在你的体内进行。

当你离开母体的那一刻，胸腔在大脑的指挥下，经由鼻孔和气管，吸入了几十毫升空气；1.5秒之后，你的胸腔经由气管和鼻孔反向释放出几乎同样体积的气体。你紧闭双眼，并不知道无意间呼出的气体，此刻已被接生的医生们感知到。他们兴奋地告诉你的母亲："一切正常"。你的母亲刚刚经历剧烈的妊娠疼痛，此刻面色惨白，满头大汗，但还是努力地挤出欣慰的笑容。是的，你的降临，意味着在你家一个新的时代开启了。

在那时，你显然并不知道，就是这短暂的1.5秒，对你而言是一段极其重要的开始，它甚至可以决定你的生死。

2."稀薄"的空气

如今的你肯定明白，呼吸是机体同外界环境进行交换的整个过程，吸入的气体便是空气。

空气中所含的，并非都是我们身体需要的物质。准确来说，它是一种混合物，其中氧气的体积分数约为21%，是我们生命所需的。剩下约79%的气体对我们来说都没什么用，你吸入了它们，并很快又将它们原封不动地呼了出来。

一般情况下，氮气占到空气的约78%。此外，空气中还有少量惰性气体，诸如氖、氩、氪、氙之类的，它们在空气中总共仅占1%左右。顾名思义，惰性气体的秉性就是有些"冷漠"，所以它们不会在你的身体内发生作用。不过，关于氮气，就不是一两句话能说明白了。

的确，你也不能吸收空气中的氮气，这不能不说是个遗憾。对于任何生物来说，氮元素都无比重要。只有极少数微生物能够吸收氮气并将它转化为自己所需的原料。我们最熟悉的豆科植物能够利用氮气，也不过是托了"根瘤菌"的福而已。"根瘤菌"等微生物在豆科植物的根上聚集形成肿块，在帮助植物吸收氮气的同时，也给自己安了一个家。

对人类而言，空气中的氮气并非真的无用。相反，如果没有氮气，人类也无法延续自己的呼吸。人类每时每刻都不能离开氧气，但是如果长时间吸入纯氧，身体中就会产生过多的自由基。这些自由基造成的伤害是致命的。可见，稀释氧气是氮气的关键作用。人类还真应该感谢氮气。事实上，即便遭受伤病的患者需要紧急吸氧，氧气管里传输的通常也是被氮气稀释之后的氧气。

　　所以，我们不要嫌弃空气中的氧气"稀薄"。只有这浓度刚刚好的氧气，才能保障我们自由地呼吸。

3.不一样地吸和呼

你的每一次呼吸，吸入的是空气，呼出的是否还是空气呢？

并不是。从科学的角度评判，吸入和呼出的气体有着很大区别。

正如前面所说，在吸入和呼出的空气中，氮气和惰性气体并没有发生任何改变，但是氧气的浓度却有了明显改变（约从21%降到16%左右），取而代之的，是二氧化碳和水蒸气。

在空气中，二氧化碳和水蒸气的占比都很小：二氧化碳的浓度只有约0.04%；水蒸气的变化幅度较大，湿润的地区可以达到0.5%左右，干燥的沙漠中几乎为零。

当然，你很容易就能感受到它们在空气中的变化。

当二氧化碳在空气中的占比升高到0.1%左右时，你就会感到昏昏欲睡；如果达到0.5%或更高，那么你就会感到窒息，甚至为此付出生命的代价。很多时候，所谓的"缺氧"并不是氧气不足，而是二氧化碳太多。

至于水蒸气，你感受起来就更容易了。通常来说，没有人喜欢过于干燥的气候，因为干燥的气候会引起呼吸系统的不舒适感。更为重要的是，人体的皮肤布满了汗腺，虽然不会呼吸，但它却拥有良好的透气性。数百万年前，正是因为发达的排汗系统带来的高效散热，人类的祖先在依靠耐力比拼的严酷竞争中获得优势。因此，长期置身于干燥的空气中，你会面临失水的困境。

不过，处于过于湿润的环境，同样会令人不适。你一定注意过，当雨季来临的时候，居住环境总是会被各种霉菌占领，衣物上也会产生难闻的气味。这就是高湿度带来的直接后果。高湿度是微生物滋生的有利条件。微生物的快速繁殖，会给人类生活带来极大不便。如果你留心观察，大概还会注意到，空气过于湿润的时候，人的浑身都是懒散的。另外，高湿度还会改变人体的激素分泌水平，身体也会变得不那么兴奋。

现在你一定已经意识到，我们的身体正在不停地向空气中释放二氧化碳和水蒸气。某种程度上说，我们呼出的气体更像是"汽车尾气"。在不通风的房间内生活，二氧化碳和水蒸气的浓度会上升。此时，如果二氧化碳难以被周边环境吸收，身体便会受到影响。

不过，你从身体内排出的废气，也不是一无是处。检测身体排出气体的成分，可以判断人的身体状况。

这一点对你来说或许有所耳闻，警察检查酒驾便是借助了这一原理。刚喝过酒的人，血液中也会含有酒精。通过呼吸，酒精也会从血液中挥发。这时只要检查呼出的气体中含有多少酒精，也就能大致判断出此前喝过多少酒了。

自然界的碳原子有三种同位素，^{14}C（C代表碳元素，而14则是这种同位素的原子量）是其中的一种，并且具有放射性。^{14}C能释放出一些射线，所以跟踪起来十分方便。你所呼出的二氧化碳中的碳原子都来自于被你分解的食物——事实上，不仅是你，寄生在你身体里的各种微生物也是如此。在这些微生物中，有一种叫"幽门螺杆菌"的，非常值得关注，因为它喜欢藏身于人类的胃里，并能诱发胃炎、胃溃疡甚至胃癌等疾病。它喜好分解的尿素，恰好人类不能分解。如果你想知道自己有没有被这种微生物感染，只需要吃下一片含有^{14}C的尿素药丸，然后再检测呼出的气体中有多少^{14}C，就可以判断幽门螺杆菌是否存在了。

　　总而言之，你呼出的气体已不再是你吸入的气体，但这并非坏事，因为只有这样，才能证实你作为生命的存在。令人好奇的是，在你呼吸的那几秒钟，空气在你的身体里都做了些什么？

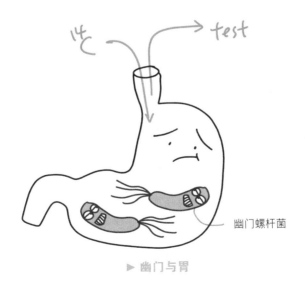

幽门螺杆菌

▶ 幽门与胃

4.血液里的搬运工

要想知道身体中空气所发生的变化，你需要研究空气在身体里的行动轨迹。

顺着口鼻腔，空气进入身体后的第一站是肺部。肺就好比是一个过滤器。在肺部，一些固态的小颗粒被过滤，氮气和惰性气体也被截留，只剩下氧气顺利地通过重重关卡，从肺泡转移到血液中。

你也许会很好奇，人体的肺部为何能够如此精妙，居然可以识别出氧气和其他气体？如果这样的技术能够用于工业，那么从空气中分离氮气和氧气岂不是轻而易举？

然而，事实并非你想象的那样。

气体，无论是氧气还是氮气，它们都可以溶解到液体中。只是多数气体在水中的溶解度很低，氮气、氧气便是如此。血液能够携带多少氧气和氮气，完全取决于它们能否溶解进来。氮气在水中的溶解度极小，自然就不会进入血液了。

氧气的溶解度只比氮气略高，加上它在空气中的比例仅有氮气的1/4，因此理论上说，它也很难被血液吸收。不过，在血液中有一种特殊的物质，它可以很轻松地与氧气结合，这样便打破平衡，氧气也就顺势源源不断地溶解到了血液中。

这种特殊的物质被称为血红素。

血红素是红细胞的核心组件。血液中有大量的红细胞，它们是人体中数量最多的一种细胞。据估计，一个人的身体的细胞总数是50万亿上下，其中血红细胞就占了近一半。在血红细胞内部，藏着一种被称为血红蛋白的物质。血红素便居于血红蛋白之中。

从外形上看，血红素有些像汉字中的"田"字，外围是拥有四个环的卟啉（化学文献实际上会用"䎃"来描述这种结构，"䎃"读léi，它显然是个象形字），居于中心的则是一个亚铁离子。这颗铁原子的作用可不简单，就是它像搬运工一样，扛起了氧气，随着动脉血输送到了身体的每一个角落，又在回程的时候，接收了废弃的二氧化碳，顺着静脉血将它们送回肺泡。

显然，就是因为有了数以万亿计的"搬运工"，氧气才得以轻松地进入血液，再进入不同的身体组织，发挥其作用。

血红素

▶ 氧气

说到此，你大概已经明白，为什么缺铁会对身体造成那么大影响？尽管如此，补铁还是需要谨慎，因为过量的铁也会给身体造成非常大的危害。事实上，卟啉环就好比是看管铁原子的监工，因为有它们的钳制，铁原子才不会造次。

至于在肺泡中落寞等待的氮气，你也别觉得它们就是人畜无害的善茬儿——若是不小心，说不定也会惹出点什么麻烦。

气体溶解到液体中的过程，通常和两个因素有关，一是温度，二是压力。温度越低或是压力越大，气体的溶解度越会上升。日常生活中，温度或压力的变化并不是很明显，氮气并不会在血液中显著溶解。不过，如果你打算去潜水，那可要小心了。当潜水深度达到数十米，压力会达到平时呼吸的好几倍，氮气也会更多地透过肺泡溶解到血液。当看过珊瑚和小丑鱼决定回到海面的时候，只能慢慢地上浮，让氮气逐渐从血液中逸散。若是一口气浮到水面，氮气瞬间逃逸气化，血液便如同煮沸的水一般，里面的气泡会将血管堵塞。

5.细胞里的微型发动机

此刻，你已经知晓，当你呼吸的时候，吸入的氧气会在血红素的搬运之下，被送到身体的各个部位。无论是皮肤、肌肉、内脏还是大脑，都需要能量供给，而这个过程离不开氧气。

实际上，这和汽车的运转大同小异：吃饭就如同加油，细胞吸收了食物中的"燃料"；这些燃料在氧气的作用下"燃烧"，提供细胞活动所需的能量。

万事俱备，还差一个"发动机"。

在细胞里充当"发动机"的，便是"线粒体"这种细胞器，每个细胞中都有成百上千个这样的"发动机"。不过，与汽车发动机的四冲程原理不同，"线粒体"中并没有能够耐受高温的汽缸，所以像葡萄糖之类的燃料也就不能真的燃烧起来，而是在常温下氧化，这就注定了细胞"发动机"需要更特殊的启动方式——三羧循环。

三羧酸循环也被称作"柠檬酸循环"。听起来这倒有几分像是汽车发动机的循环做功，可步骤却复杂多了。为了完成这一循环，"线粒体"中有很多酶都参与进来了，比如柠檬酸合酶、顺乌头酸酶、琥珀酸脱氢酶等。在这些酶的共同催化之下，经过十多步化学反应，葡萄糖最终被氧气消耗，并给细胞活动提供了足够能量。

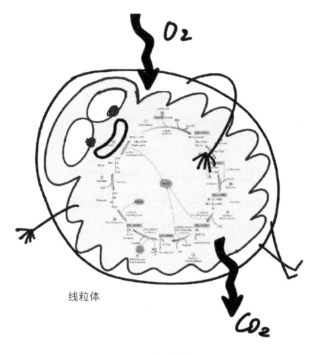

线粒体

▶ 三羧酸循环

你可能会很好奇：为了获取能量，"线粒体"为何需要如此大费周章？其实这不难理解，葡萄糖之所以能够释放能量，是因为它自身的化学势能较高。就好比一个物体放在四十层的高楼之上，便具有很强大的重力势能，当它落地之时，自然会释放出这些能量。而当一种物质具有很高的化学势能时，就意味着它可以通过化学反应释放出这些能量。在汽车发动机中，燃料的化学势能就像是从四十层楼直接坠落，一下子释放出大量的热，从而在汽缸中产生上千度的高温；而在"线粒体"中，这个过程在酶的催化之下，变成了"走楼梯",能量逐步释放,细胞的温度仍然稳稳地维持在37℃附近。

而你所吸入的氧气,在参与漫长的"三羧酸循环"之后,变成二氧化碳和水。二氧化碳又从细胞中排出,进入静脉血,搭乘血红素回到了肺叶中,最后顺着口鼻排出了体外。

这便是关于呼吸的整个流程。

6.从生到死

呼吸，可能是唯一一件你会做一辈子且永不停歇的事情。

它看起来如此寻常。即便它没有被特别关注，也不会停止，就算睡觉的时候亦是如此。

然而，每一次的吸与呼，都让你和这个世界紧紧相连——用化学的方式。

也正是你的每一次呼吸，开启了你的化学人生。

母乳：三大营养物质伴人类成长

第二章

1. 独特的能量来源

当你度过了出生后最危险的一段时间后，你的母亲便做好准备，用她最独特的方式欢迎你的到来。

这种最独特的方式就是甘甜的母乳。

母乳对你来说，并非只是一场宴席，更是接下来几个月里你赖以生存的食物和饮料。甚至，可能也是你在一段时间内唯一的食物和饮料。你的能量，还有身体发育所需要的各种化学物质，都蕴藏在这白色的乳汁中。

▶ 母乳

通过母体的乳汁获取营养，这是哺乳动物的重要特征，人类也不能例外。相比于自然界存在的"食物"而言，哺乳动物的乳汁显得极不寻常，其中很多物质都是其他生物不具备的，例如乳糖。

顾名思义，乳糖就是乳汁中含有的糖分，是你初涉人世接触到的第一种糖。

多年以后，你还会经常看到"糖"的另一个名称——碳水化合物。19世纪时，科学家们还没搞清楚糖的化学结构时，采用了隔绝空气加热的方法研究糖。结果，随着温度上升，糖发生了分解，并且产物只有炭黑和水。于是，人们猜测，糖应该就是碳和水结合在一起的产物，故而称之为碳水化合物。不过随着科学发展，糖的分子结构最终被彻底揭开，碳水化合物的名称也被证明其实并不合理。不过，因为俗称的关系，很多食物的包装上依然会用"碳水化合物"这个词指代"糖"，并标记出其中的比例，还会贴心地告诉你，每天最多可以吃多少。

不过，你的母亲并没有充分考虑到你的知情权，没有贴上这样的标签，所以你也无从知晓母乳中糖的比例。

事实上，母乳中所含的糖，也不像工业化的产品那样保持固定，会随着时间发生改变。

在你出生之后的几天里，你的母亲分泌出的乳汁被称为初乳。经过一两周的过渡阶段后，初乳演变为成熟乳，它们可以一直供应到你断奶之前。十个月后，如果你还想要加餐，那么这时的乳汁就是所谓的晚乳了。

在不同的阶段，乳汁中乳糖的含量会有很大差别。

初乳不只是一种充饥的食物，它还能够让你完善自己的免疫系统，抵御地球上的各种风险。形象点说，它就好像撑起了一把保护伞，让你这样幼小的生命也能够对抗无处不在的病菌、病毒，乃至各种寄生虫。所以，富足的能量并不是初乳的特色，其中的乳糖含量相对而言也并不高，一般只有2%左右。

在过渡阶段，乳汁中的糖分含量会逐步提升，等到了成熟阶段，乳糖的含量会飙升到7%左右，为你的身体发育提供关键的能量。

等到了晚乳时期，乳糖的含量又会逐渐下降。实际上，此时的你食量大增，对营养物质的需求量已经有了质的飞跃，但是你的母亲不可能分泌那么多乳汁，你必须吃母乳以外的食物才能满足需求。为了让你学会主动进食，母乳中的营养物质都会出现不增反降的现象。适时断奶，就是你最好的选择。

实际上，你的断奶决策，和乳糖之间的联系远不止于此。

糖的种类有很多，常见的蔗糖（白砂糖）、果糖、葡萄糖等，因为有甜味，可以很容易分辨出来。果糖和葡萄糖无法被进一步分解成其他糖，便被称为单糖。而蔗糖是由果糖与葡萄糖组合而成的，这种由两个单糖组合而成的新糖便被称为二糖。然而，和很多人想象中不一样的是，甜味并非糖类的共性。不过莫急，等你长大了，我们再来说说这事。此时此刻，你所吃的乳糖，虽然也有些寡淡，远比不上蔗糖那样甜蜜，但它在母乳中的作用却远非其他糖可以替代。

从结构上看，乳糖和蔗糖的确有些相似。它们都属于二糖，也就是由两个单糖分子结合而成。构成蔗糖的两部分是葡萄糖和果糖，构成乳糖的则是葡萄糖和半乳糖。尽管只是很微小的差别，却决定了你获取能量的方式。

乳糖的口感并不是很甜，不过能量还是很丰富，每一克乳糖可以产生17KJ的热量。相当于一颗胶囊大小的乳糖，其中蕴含的能量就可以把一名成年人抬升五六层楼之高。所以，尽管刚出生的你，胃部只有葡萄大小，食量自然也小得可怜，但是多亏了乳糖的高能量，使你足以通过喝奶应对每天的能量消耗——当然了，眼下你也没有太多的消耗，大多数时间只是在睡觉。

不过话说回来，你还是需要珍惜现在享用乳糖的机会，因为很有可能几年之后，乳糖就不再是你的理想食物了。

吃下乳糖之后，你的身体便开始调动大量的酶（主要是乳糖酶），把乳糖"撕成"葡萄糖和半乳糖，并最终转化为你所需要的能量。然而，随着年龄的增长，你会停止分泌乳糖酶，此时的你对于乳糖无可奈何，只能任由它从胃液中流入到肠道。在那里，有一些细菌会笨拙地分解乳糖，并产生一些令人不悦的气体——"屁"，而你则会感觉肠道中阵阵刺痛。

这种现象被称为乳糖不耐症。虽说是"症"，但它其实算不上什么病。事实上，哺乳动物都会出现这样的情况，幼崽的乳糖分泌功能会随着年龄的增长而终止，这是敦促它们断奶的一种机制。

不过，因为几千年前的一次基因变异，人类中的一些个体居然不再出现这样的"症状"。于是成年之后再喝富含乳糖的牛奶，对肠胃也不再是煎熬，而是一种享受。可惜的是，这种基因在东亚人群中相对少见，因此不出意外的话，总有一天，乳糖会让你不得不放弃你所钟爱的母乳。

　　但是这对你来说，又算得了什么呢？在那些以母乳为食的日子里，乳糖不过只是其中的一段小插曲，还有更多的营养物质，会让你开心地度过这段美好时光。

2.你学会了贮藏

呱呱坠地,剪断脐带,意味着你的身体与你的母亲彻底分开,成为独立的个体。你与母亲的物质联系只剩下母乳,需要尽快地利用这唯一的养分来构建自己,让身体苗壮成长。

你很清楚,每天的摄入的营养绝对不能全部消耗掉,今朝有酒今朝醉的生活可不行——要想壮大自己,就得一点一滴地积累。

你需要学会贮藏能量——最适合储存能量的物质,是脂肪。

未来的这一生,你或许会花费很多精力去和脂肪战斗,然而此时此刻,脂肪却是你追逐的对象。

脂肪的结构与糖很不一样,它的分子看上去就好像是个传统的烛台上插着三根蜡烛。

▶ 脂肪“结构”

构成这个"烛台"的物质叫作甘油，它的分子中有三个"羟基"（羟基指的是包含一个氢原子和一个氧原子的固定结构），就好像是烛台上的扦子一样，随时可以让蜡烛插进来。至于构成"蜡烛"的分子，它是一类被称为脂肪酸的物质，有一个"羧基"（羧基也是一种固定结构，它有一个碳原子、两个氧原子和一个氢原子）正好可以和羟基结合在一起，犹如蜡烛扎到了扦子上。当脂肪酸与甘油组合起来之后，便成了脂肪。

现实生活中的蜡烛也可以由脂肪加工而成，欧洲人用了很多年的牛油蜡烛便是如此。

脂肪分子进入你的身体之后，会在小肠内发生分解。这就好比"蜡烛"从"烛台"上被拆解下来，脂肪分子变成了脂肪酸与甘油，它们分别进入细胞，重新组装成你所需要的脂肪。

与糖类相比，同样重量的脂肪，蕴含的能量要超出一倍以上，每一克都可以释放出37KJ的能量。所以，此刻你柔弱的身体非常钟爱脂肪，因为只需要占用不多的储存空间，就足以让你度过短暂的食物紧缺时期，这是刻在人类基因中的"记忆"。

对脂肪的偏爱，是很多动物的本能行为，人类也是如此。

在野外的丛林环境中，每一个动物个体都过着朝不保夕的生活，在身体中储备高能物质，是残酷的自然选择之下不得不去掌握的技能。对于大型哺乳动物而言，它们拥有与体型相配的巨大食量，而觅食会耗费巨大的能量；不仅如此，为了维持恒定的体温，哺乳动物还要比爬行动物、两栖动物等陆地动物消耗更多的热量。于是，在身体中储备高能的脂肪，似乎成了对抗食物短缺的最优解。

当然，对于此刻的你来说，"食物短缺"似乎有些危言耸听，你的母亲尽心尽责，生怕你出现半点闪失——她正在全力以赴保障你的食物供应，所以你并不用担心会出现自然环境中那种极端饥饿的情况。

然而，你还会对脂肪报以渴求的态度。除了消耗，你还需要储备能量确保发育，而脂肪正是作为储备的最佳选择。此外，作为人类的新生儿，吸收利用脂肪这件事还有着更深层的意义——脑发育。

人类无疑是这个星球上最聪明的物种。从绝对体量而言，虽然人类大脑的容量不及大象、蓝鲸这样的巨型动物，但是大脑占身体的比例却是高得惊人。成年人的脑袋，大约占体重的十分之一，但是比起新生儿，似乎不值一提，因为新生儿的脑袋占身体的比例，达到了体重的四分之一左右。你曾清晰地听到接生的护士夸你可爱，而这不是为了迎合你的母亲说的客套话，因为初生婴儿似乎不太协调的头身比例，往往更容易激发成年人的保护欲望。也就是说，虎头虎脑的你着实令大家喜爱。

生长出如此"巨大"的脑袋并非毫无代价。未来有一天你会明白，大脑是人类的中枢神经，是给身体下达各种指令的指挥室。强大的指挥室，意味着相当可观的能量消耗。充沛的脂肪恰好能满足大脑的能量消耗。

但你的大脑对脂肪还是有些挑三拣四。

虽然脂肪的结构很类似，都是脂肪酸连接在甘油分子上，但脂肪酸的种类却十分多样。从结构上看，所有的脂肪酸都有一个羧基，而在羧基以外，就是由碳原子构成的一条长链，长链上还连接着很多氢原子。

以碳和氢的组合方式为区分标准，脂肪酸可分为三种基本类型：第一类，所有的碳原子都已经无法连接更多的氢原子，这种脂肪酸被称为饱和脂肪酸；第二类，长链中有一对相邻的碳原子，它们之间形成了所谓"双键"的结构，且双键可以被打开，于是这两个碳原子还可以各自再接纳一个氢原子，这种脂肪酸就被称为单不饱和脂肪酸；第三类，长链上拥有不止一个"双键"，这种脂肪酸就叫作多不饱和脂肪酸。

这三种脂肪酸对你而言都必不可少，但它们的重要性却不尽相同。

人类主要使用的饱和脂肪酸有两种，分别叫作硬脂酸和软脂酸（也叫棕榈酸），它们的差别只在于碳原子数量不同——硬脂酸的长链上有18个碳原子，而软脂酸只有16个。

不过，这点差别对你来说并不重要，因为你体内的酶，可以让硬脂酸和软脂酸互相转化，所以，你的食物没有必要兼有这两种脂肪酸。母乳主要为你提供的是软脂酸，这对你来说就已经足够了。

实际上，软脂酸对你来说也算不上必要的"营养品"，因为你还可以依靠自己的力量合成软脂酸。当你摄入过多的能量时，身体就会把它们转化为脂肪酸储藏起来。若干年后，或许你会对这个过程恨之入骨，因为即便是额外吃掉1g食物，都可能转化为脂肪围在你的腰间。你不得不为了减去这讨厌的脂肪而大费周折。但是对于初生的你而言，这个过程却可谓求之不得，因为每储存一分脂肪，意味着你对抗外界风险的能力也会增加一分。在中国传统文化中，"大胖小子"是对传宗接代的美好愿望。在西方绘画艺术中，象征爱的天使也总是小胖墩儿。这都是人类缺乏科学知识时对于"健康"的朴素认知，却也并非没有道理。

单不饱和脂肪酸的情况有所不同。初生儿主要需要的单不饱和脂肪酸叫作油酸。油酸也含有18个碳原子，和硬脂酸唯一的区别就是多了一个双键。双键所处的位置至关重要，因此现代科学常常会特别标记出双键起始于脂肪酸长链上的哪一个碳原子。油酸的双键处于第九和第十个碳原子之间，如果在食品标签上看到n-9或ω-9这样的写法，不必感到奇怪，它们通常指代的就是油酸。

不过，双键的存在，也让相邻的两个碳原子变得不再稳定，它们的结构变得"不饱和"，可以有条件连接其他原子——不只是氢原子，也包括氧、氯、碳、硫等常见原子。所以，油酸久置很容易发生变质，不再适合食用。当然了，初生儿还不需要担心这个问题。

母乳中最为常见的脂肪被称为OPO。OPO里面的O，说的就是油酸（Oleic Acid），而P指的便是软脂酸（Palmitic Acid）。OPO所代表的脂肪，就是在甘油这个"烛台"上，依次插上了油酸、软脂酸和油酸这三根"蜡烛"。

对你来说，脂肪中油酸和软脂酸的顺序也相当有考究。比方说，牛奶中所含的脂肪也很丰富，可它们主要是POP。虽说人类也能吸收利用，但是对初生儿娇弱的消化系统而言，并不是特别顺利，甚至有可能会因此而出现消化不良。

就这样，你小心翼翼地从母乳中摄取自己所需的脂肪酸，并通过血液输送到身体所需的位置，包括大脑。

可是令你感到意外的是，如此精心的准备，却仍旧没能取悦你的大脑。对它而言，饱和脂肪酸和单不饱和脂肪酸固然重要，但是要想让大脑健康苗壮地发育，你更需要备齐另外一种脂肪酸，也就是多不饱和脂肪酸。遗憾的是，你不能依靠自己的力量去合成它们，只能从外界摄取，这也就是为什么它们会被叫作"必需脂肪酸"。

顾名思义，多不饱和脂肪酸也含有不饱和的双键，而且双键的数量还不止一个。

与单不饱和脂肪酸一样，多不饱和脂肪酸的性质也和双键的位置有关，而你的大脑只钟爱两类：双键起始于第三个碳原子，被称为n-3或ω-3；双键起始于第六个碳原子，你不难猜到，它们被称为n-6或ω-6。至于其他一些像ω-7或ω-9之类的多不饱和脂肪酸，在人体内似乎只是凑凑热闹，并没有太显著的功能。

亚麻酸可以说是ω-3的代表，因为在这一家族中它是碳数最少的（18个），在食物中的分布也很广泛。人类摄入亚麻酸之后，还可以将其转化为长链的EPA（二十碳五烯酸）以及DHA（二十二碳六烯酸）。它们都是大脑发育不可或缺的原料。尤其是俗称"脑黄金"的DHA，若是供应不足，很可能会让你几年之后的认知能力不及同龄人的平均水平。

可话又说回来，以你现在的转化能力，借助于亚麻酸获取DHA，实在有些赶鸭子上架。母乳中已预先分泌出一些DHA，让你能够直接取用。然而，母爱纵然伟大，却也不能违背物质的基本规律——人体内DHA的分泌效率并不是很高，母乳也不能确保其含量足够你使用。多亏了现代的膳食科学研究，你的母亲还可以从深海鱼等一些食物中获取现成的DHA。常言道，"吃鱼聪明"，背后的科学道理便在这里，但是在此刻，还在吃奶的你若想变得更"聪明"，首先需要一位爱吃鱼的母亲。

ω-6在脑部发育过程中同样不可或缺，同时也是视觉神经形成的物质基础。换句话说，若是缺乏ω-6，不仅智力可能受挫，视觉很可能也会受到影响。

这一家族的代表性物质是亚油酸——与亚麻酸一样，同样含有18个碳，也是家族中碳链最短的一种，可以在体内转化为诸如AA（花生四烯酸，也可写作ARA）等更长链的ω-6。它在自然界中比亚麻酸更为广泛，常见的植物油中几乎都有可观的含量。比如：生活中再寻常不过的大豆油中的亚油酸含量可以达到一半或更多。

AA对于你的重要性不亚于DHA，既是大脑和神经系统的营养素，也是细胞膜的构成部分。所以，你的身体会积极地将亚油酸转化为AA，而你的母亲自然也不会袖手旁观，分泌的母乳中早已储备了不少AA。尽管AA被称为花生四烯酸，可是花生中并不含有这种物质，所以指望从食物中直接获取AA，并不是很可靠。所幸的是，人类分泌AA的功能直到老年才会退化，再加上亚油酸的来源充足，所以母乳中的AA通常都不会匮乏，对此你不必太担心。

总而言之，相比于乳糖的纯粹，母乳中的脂肪酸却是一类复杂得让科学家都绝望的物质，至今我们所知道的，也不过是冰山一角。究竟母乳中还有多少种脂肪酸，它们的背后还有哪些奥秘，未来或许还需要你的这颗聪明头脑才能进一步揭示——但是此刻你的大脑还需要靠它们变得更聪明。

3.不断长大的身体

在离开母体之后，初生儿的身体会迎来一段快速生长期。一年后，你的体重就将变成现在的两到三倍。

快速生长的关键是母乳中的另一大类物质——蛋白质。

糖、脂肪、蛋白质，它们构成了食物中最核心的三大营养素，都可以为你提供能量，然而蛋白质还有更为重要的任务：构建身体组织，发挥机体功能。

▶ 三大营养素

你的身体里，会有数不清的蛋白质分子。它们究竟有多少种类，至今也没有准确的数字。

如果把你的身体比作一座城市，那么蛋白质就如同是城市中的"市民"。它们有着不同的体型，不同的性格，还有不同的职业，做着不同的工作。所以，就像城市的运转需要市民，你的任何一个动作，都离不开蛋白质的协助。

就说你吃奶这件事吧。

你的双眼尚未睁开，却能轻松地分辨出哪里是吃奶的位置。这依赖的是你天生的嗅觉。尽管此时你的嗅觉不够发达，却也已经够用。你鼻腔中的蛋白质在和母乳中散发气味的分子反应，然后这个反应的信号再经由神经细胞，传递给你的大脑，这样你就可以对食物做出判断了。

你用力吮吸之时，看似只是张了张嘴，却调动了脸部和口腔的十几处肌肉，是它们像弹簧一样拉伸或收缩，才让你能够顺利地完成动作。然而这些肌肉，也是由蛋白质构成的。

至于你消化这些食物的过程，则需要在各种酶的催化之下才能完成。比如：若是体内缺少乳糖酶，人类便难以吸收乳糖，乃至引发乳糖不耐。三羧酸循环也需要数十种酶才能完成。在人体之中，正是有了形形色色的酶，才能够实现各种功能。

因此对于你的成长而言，蛋白质居功甚伟。

相比于乳糖和脂肪，蛋白质的"体格"要大得多。你可以称蛋白质为"高分子"。化学中通常用这个术语区分出这些超大的分子。高分子并非天生就这么高大伟岸，是由一个个小个头的分子连接而成的，像蛋白质便是由氨基酸这种小分子构成的。你的身体要想获取足够多的蛋白质，首先就要摄入足够多的氨基酸，要不然，巧妇也难为无米之炊。

氨基酸是一种很有趣的物质，因为它同时含有碱性的氨基和酸性的羧基。这一碱一酸，本该是水火不相容，可它们在氨基酸中却和谐地融合在一起，并成为生命体的基石。

不仅如此，氨基和羧基还可以发生反应，首尾相连地衔接起来。于是，氨基酸分子就像拼图块儿一样，而氨基和羧基就如同是拼块儿上的凹槽与凸起，它们依次反应，就构建出了巨大的蛋白质。

对你来说，需要用到的氨基酸一共只有20种，但是它们互相勾连，以各式各样的顺序排列成高分子，从而创造出不计其数的

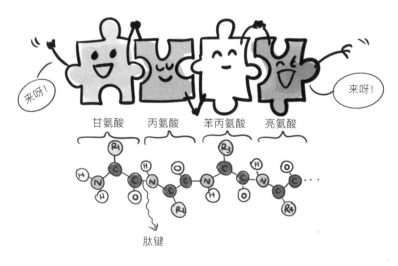

▶ 氨基酸连成蛋白质

蛋白质，你需要使用到的蛋白质，都可以由它们合成出来。你的任务就是从食物中找到这些氨基酸。

实际上，就算是通过觅食完成搜索氨基酸的任务，我们的身体也找到了"作弊"的途径，因此得以偷工减料，事半功倍。

作弊的技巧之一，是想方设法自我合成。

20种氨基酸要想全部集齐，在残酷的自然环境中并不是太容易。所幸的是在这些氨基酸中，有些分子的结构很相像，它们在身体中可以发生转化。如此一来，找全20种氨基酸的难度大大降低。对于人类而言，只要凑够其中8种，便可以自给自足，造出剩下的所有氨基酸。

这还没完，人体作弊的技巧之二，则是强化了对氨基酸的搜索技能。

相比于其他哺乳动物，人类的味觉系统要发达得多。这就意味着，我们在吃东西的时候，更容易分辨出什么是美味。别笑，这可不是馋嘴的辩护词。相比于老虎、狮子这样的大型猫科动物，人类在赤手空拳时的捕猎能力屡弱至极，所以像猫科动物那样数百米外就能探测血腥的灵敏嗅觉，对人类捕猎来说并没有太多实用价值。

相反，人类发达的味觉系统却帮了大忙。当食物中含有丰富的氨基酸的时候，哪怕是像你这样的初生婴儿也能分辨出它们，并产生满心的愉悦感。此时你还不知道这种特殊的味觉体验叫作"鲜"。有史以来，人类对鲜味的追逐从未停过脚步，以至于一般家庭的厨房里，都可以找到提供鲜味的"味精"。味精的主要成分就是谷氨酸钠。烹饪时，谷氨酸钠便会转化为充满鲜味的氨基酸——谷氨酸。对鲜味的敏感，背后的原因便是身体追逐氨基酸的特殊本能。

母乳中自然也含有大量的氨基酸，所以你不会将这种鲜美的食物拒之门外。不过，初生儿的氨基酸来源是母乳中的蛋白质。

听起来是不是有些糊涂？其实道理很简单。既然氨基酸就如同拼块儿，而蛋白质就是拼图，那么你的母亲向你输送一套完整的拼图，肯定比输送一大堆杂乱的拼块儿更省心。不过，对你来说，吸收氨基酸的过程就变得有些复杂了。对于母乳中的蛋白质，你并不能拿来就用，只能将它们全都拆开，重新拼接成你自己喜欢的氨基酸。

这样的幼年训练对你而言并非坏事，因为在你未来的生涯里，绝大多数氨基酸都源于摄入的动植物蛋白质。你从食物中获得的动植物蛋白与自己所需的蛋白质结构迥异，更不能直接使用。如果你的身体不能快速地将它们拆开，那这些过剩的蛋白质便有可能堆积在你的消化系统中，成为你的负担。

实际上，对于婴儿期的你来说，这种风险也是存在的。你很幸运，有一位健康的母亲，她也任劳任怨地为你提供着母乳，但是总有一些不那么幸运的孩子，从出生之日起就只能食用牛乳或其他动物的乳汁。

哺乳动物的乳汁中，含量较丰富的蛋白质分别为乳清蛋白和酪蛋白。它们也是给幼崽提供氨基酸的主要来源。从外观上看，乳清蛋白可以溶在水中形成清液，但是酪蛋白在水中却是一个个小颗粒，就像沙子一般。不同动物的乳汁，所含的两种蛋白质比例不尽相同，甚至可以说是大相径庭。在人乳中，乳清蛋白占比为60%~70%。乳清蛋白是人乳中主要的蛋白质类型。然而在牛乳中，酪蛋白却占尽优势，占比达到了80%。

　　同为蛋白质，乳清蛋白和酪蛋白的吸收难度也不可同日而语。酪蛋白比乳清蛋白更大，而且又不能溶在水里，肠胃消化起来便要困难许多。这点困难，对成年人来说也许不算什么，但对婴儿来说十分艰难。如果乳汁中所含酪蛋白过多，婴儿很容易出现消化不良。

　　现在你应该明白，为什么母乳喂养如此重要了吧？

4. 最珍稀的食物

动物的乳汁，可以说是自然界最珍稀的一类食物：这不只是说它们的来源稀有，更是因为它们作为单一的食物，就可以让生命茁壮成长。

乳汁中含有小生命体成长所需的全部营养成分，比如人类的母乳，目前已知的成分就超过了1000种，还有更多成分是现代科学尚未知悉的。

糖、脂肪和蛋白质构成了母乳中最核心的成分。有了它们，你才可以轻松地获取能量。除此以外，母乳中还有各类矿物质、维生素以及微量元素。

此时的你，依然紧闭双眼，两只小手漫无目的地挥舞着，似是对这些啰嗦的化学术语感到无聊而疲倦，但是娇嫩的小嘴还没有闲着，一个劲儿地嗫食母乳。你的母亲感到一阵微痛，却还是温柔地抱着你，轻轻摇晃着双臂。你在半睡半醒之间品味着人生旅途的第一顿"正餐"，就像产房里的其他婴儿一样，平凡而又恬静。

排泄：身体内固体与液体的循环

第三章

1. 第一次健康检查

排泄是任何人都离不开的生理行为。

在出生之后的几个小时，你的身体有了反应，排出人生中的第一次大便。人生中的第一次大便被称为"胎粪"。与胎粪同时排出的还有一些液体，那是经由尿道流出来的小便。

你的父母，还有守候在一旁的医生，并不因此感到肮脏。他们仔细地观察一番排泄物，以确定你是否健康。

实际上，在漫长的人生旅途中，你还将一次又一次地通过这些排泄物去检查自己的身体是否健康。检查排泄物的方法如下：第一，需要借助于一些先进的仪器设备，用特定的办法提取尿液或粪便样品；第二，由医生根据检测结果来确定你的身体状况。由此可知，这些被你弃之而后快的东西，并不是真的那么无用。

而在此时此刻，你完全不具备自行判断的能力，幸亏你的父母对此丝毫没有嫌弃之意，替你完成了后续的辨别工作，四目对视，脸上露出满意的笑容。你双眼紧闭，自然看不到他们的神态，但也不必苛求他们有专业能力。事实上他们此刻所做的一切，很大程度上都是动物的本能。

在辽阔的非洲大草原，雄狮每天的主要任务就是巡视自己的领地，并在领地边缘排出尿液作为标记。尿液的气味，足以反映出一种动物的身体状况。于是，雄狮据此就可以警告对手，自己还很强壮，不要有什么非分之想，更不要轻举妄动。这种行为习惯会在很多动物的记忆中雕刻出难以磨灭的反应程序，甚至曾经有人在动物园做过实验：只需要拿出狮子的粪便，就会吓得一些动物疯狂地逃窜。

没有科学的尿检或便检程序，动物们之间也能达成足够的共识，分享各自的生理信息。而在产房陪着你的父母，能够根据你的排泄物为你做人生的第一次检验，也就不足为奇了。

不过，话说回来，这次体检到底能看出什么呢？

2.意义非凡的胎粪

　　当你第一次排便时，排出的污秽，绝大部分都不是你未消化完的食物残渣——它们本是你身体的一部分。

　　要说起它们，时间还要倒回九个月以前。

　　那时的你，严格来说其实还算不上是生命，因为你只是胚胎，还没有发育出功能齐全的各种器官。此时，你必须依赖独特的环境才能生长。你居住的"子宫"就能提供这样的环境。

　　子宫里充满了一种被称为"羊水"的液体，其重量的大约98%都是水，而你就像一条鱼，完全在这样的水中生活。不过，你不是在羊水中自由地嬉戏，而是为了生存，很坚强地从羊水中汲取必要的养分。

　　当然，对九个月前的你来说，脐带才是生命线，是连接你和母体之间的管道。脐带的另一端是胎盘。你的母亲通过脐带为你输送关键的食物乃至氧气。在你消化食物之后，残渣又会随着脐带输送出去。

　　你的口腔在成型之后，便会发挥功能。口腔不时地咽下羊水，一定程度上缓解脐带的养分输送压力。羊水中含有一些氨基酸、糖和脂肪。氨基酸、糖和脂肪是供你生长的基础原料。不过，它们的含量并不多。除了水以外，羊水中最主要的成分其实是一些矿物质。

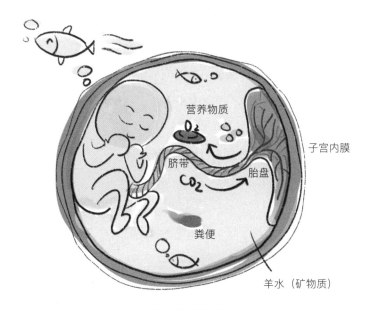

营养物质

子宫内膜

脐带

CO_2

胎盘

粪便

羊水（矿物质）

▶ 胎盘物质传递

矿物质是一个非常笼统的称谓。在化学语境中，矿物质可能涉及很多种成分，包括钠、钾、钙、镁等金属离子，还有像氯离子、硫酸根、磷酸根等阴离子。矿物质是一些盐分。在这些矿物质中，最主要的离子是钠离子和氯离子。钠离子和氯离子合起来便是食盐中的主要成分：氯化钠。

某种意义上说，羊水就是"海水"，因为构成羊水和海水的成分惊人地相似。相比于地球海洋平均3.5%的含盐量而言，羊水并没有那么咸涩。

大约在3亿年前，地球上的动物们曾经发起了一次伟大的挑战——它们要从海洋向陆地进发。生命最初的生长离不开海水，所以这项挑战异常艰难。在经过多年的演化之后，胎生养育的方式形成了，这是绝大多数哺乳动物的关键特征。胎儿在正式来到这个世界磨炼以前，会在母体中成长一段时间。母体所能提供的环境，类似于数亿年前含盐量还没有那么高的海水，这也是哺乳动物起源于海洋的一项证据。

总之，在子宫里，你拥有一片微小的"海洋"，水中的矿物质让你感到很舒适。

但这只是开始。

随着时间一天天地度过，你在羊水里不断生长，开始有了一定的自主性。此时，新的矛盾也随之出现。

你的发育，依赖的是细胞的不断分裂与分化：一个受精卵细胞分裂成出更多细胞，进而分化成各种器官与组织。此时，你的毛发也会生长出来。然而，你在子宫中的时间实在太久，以至于当毛发生长到一定程度之后，便会开始脱落。这是你第一次遇到这个问题。

脱落的毛发与其他细胞，成了羊水中漂浮的杂质。你下意识地知道，尽管子宫是一个能够抑制细菌生长的场所，但是杂质会破坏这一系统的平衡性。同时，杂质还可能引起细菌滋生。然而，你没有任何清扫工具，这让你有些为难。无奈之下，你只好将这些含有杂质的羊水吞咽下去。所幸的是，刚刚发育起来的肠道理解你的苦衷：很多杂质都在肠道里得以截留。虽然说起来有些让人难为情，但是这时的你，的确是在用自己的身体充当净水机的过滤器，而肠道就是你的滤网。

直到你出生之前，毛发在内的杂质都不会被送出体外，否则会继续污染羊水。随着时间的推移，羊水中充斥的杂质越来越多，这个趋势靠你的肠道也不可能扭转。当然，这也是你必须离开母体的原因之一。

你开始自主呼吸，也已经喝下第一顿母乳之后，便可将这些积攒良久的杂质排出体外。你第一次排泄的产物之所以被称为"胎粪"，是因为它是你打娘胎里带出来的粪便。胎粪夹杂着你的毛发、黏液，还有其他一些从你身上脱落下来的死细胞，由于其中还夹杂了一些胆汁，通常会呈现黑绿色。

你的父亲、母亲，还有医生，就是从颜色、状态、黏稠度等方面，对你的胎粪进行了评测，进而判定你的身体是否健康。

实际上，你也许还不知道，胎粪排泄异常究竟意味着什么。

一种常见的情况，是你错误地估计了形势，在还没离开母体时，就将胎粪排泄在羊水中。羊水会因此变得异常浑浊。这样的话，当你出生之时，呼吸的本能很容易让你呛下这些混有胎粪的羊水。于是，这些杂质便会通过气管一直蔓延到肺部。此时，你就可能陷入胎粪吸入综合征的困境。胎粪吸入综合征是一种很棘手的疾病，如果出生之后不及时清理胎粪，这些杂质就可能造成严重的呼吸窘迫。事实上，吸入胎粪也是造成新生儿夭折的一个重要原因。

还好，你顺利地度过了这一关，忍到出生之后，才将胎粪排出体外。不过，胎粪的状态依然很值得关注。如你所知，胎粪的正常颜色应该是黑绿色，这同样是你健康与否的风向标。

在你还没有学会自主呼吸以前，你的氧气都是通过脐带由母体输送给你的，此时你体内的血红蛋白就已经在辛勤劳作，为你的发育提供氧气。至于那些退役的血红蛋白，在经过代谢之后，便会在胆囊中形成胆红素。胆红素又会进一步发生氧化成为胆绿素。

这是婴儿特有的代谢途径，健康的成年人并不会这样。因此胎粪的颜色判断标准也只是对刚刚出生的婴儿有效。胆绿素是最终产物，夹杂在那些黑色的杂质中，就将胎粪染成了黑绿色。但实际上，因为胆红素并不会完全氧化，也会存在于胎粪之中，影响实际的颜色。

如果粪便全黑或发红，那往往说明，新生儿的身体状况不佳，肠道有可能出血了。

当然，胎粪颜色的辨别只是很初级的判断依据。若是胎粪发生了异常，还需要进一步化验，才能找到具体的问题。不过，负责你的医师很有经验，笃定你的健康状况无忧，只是为了万无一失，还要再观察一下你的尿液。

3.伴你一生的健康指标

　　尿液与粪便是你最常见的排泄物，但它们的产生过程及它们对你的意义，却有着很大的区别。

　　在你将这些尿液排出之前，它们就是你身体的一部分。未排出体外的尿液可以用一个更专业的词汇来表述——体液。

　　人是"水做的动物"，因为在人体中，水的占比超过一半。不过，这与年龄还有很大的关系：随着生长发育，身体中的各种组织越来越多，含水量也会相应地变得更低。此时你作为新生儿，身体中80%的重量都是水；在你成年之后，身体中的水就不到三分之二了；而当你老去之时，水在你身体中比例大概只占55%。

　　身体中的这些水，便是你的体液了。储存在细胞内的体液，被称为细胞内液。细胞内液是很多化学反应发生的场所。而在细胞之外的体液被称为细胞外液，它们同样也很重要。在你呼吸的时候，你已经感受到血液对于氧气的重要性了，血液中的血浆就是一种细胞外液。

　　如果说，你的身体是一座功能完备的城市，那么细胞就是城市中的住宅、商店与工厂，是城市里的组成单元。这些单元各司其职，为你这座"城市"提供各种资源。每一个单元都不是孤立的，它们都和其他单元之间有着物质上的联系。不仅如此，就连你这整座"城市"也不是孤立的，需要不断地和外界产生联系，吸入氧气并排出二氧化碳，还需要吃下各种食物进行消化，排泄出你不要的部分。

这些联系，有赖于各种细胞外液才能完成。

对于化学反应而言，液体作为介质，有着很独特的优势。任何物质发生反应，都需要分子层面上进行接触才可以。固体物质没有流动性，分子与分子的接触不是太容易，而液体则不然，物质可以在水中徜徉，找到自己理想的反应对象。相比于气体，液体的密度大，这就意味着，在同样的体积中，液体中所含的物质更多，它们的距离就会更短。所以，液体中发生反应的效率比在气体中要高得多。

这也就不难理解，你的细胞内部充满了液体，细胞之间同样也是由液体沟通。

进一步说，生命最先从液体中形成。正因为此，研究地球外生命的学者们，每当发现遥远的星球上可能流淌着液体，都会为之兴奋。

不过你也许会好奇，为什么这液体就必须是水呢？

的确，从目前已有的证据来看，水或许不是能够演化出生命的唯一介质，但它一定是最适合的一种。

液体是宇宙中的珍稀品，它远没有地球上看起来那样常见。

物质最常见的三种状态：固态、液态与气态，液态居于其中。所以，当条件发生改变时，液态的物质就将不复存在。比如水，在一个标准大气压条件下，会在100℃以上的时候变为气态的蒸汽，在0℃以下的时候转变为固态的冰。所以，在一个标准大气压条件下，水只有在0~100℃才能保持液态。

事实上，这个区间已经超过了绝大多数物质。有些物质我们甚至看不到它在通常条件下的液体状态。比如：二氧化碳在-78℃以下的时候，呈现固态，被称为干冰；一旦环境温度到了-78℃以上，它就直接变成了气体。要想让二氧化碳也呈现出类似于水的液体状态，除非是在很高的压强之下，比如深海之中的确会出现流动的二氧化碳（超临界二氧化碳流体）。

所以，要想让某个星球上出现液体，那么这颗星球必须可以做到温度以及压强的变化恰好在能让某种常见物质保持液态的范围之内。地球很凑巧，地表环境勉强满足水的液态区间。

之所以说勉强，是因为在地球上，还有不少水以冰的形式存在。在南极大陆、格陵兰岛、青藏高原，它们形成冰川，不能自由地流淌。冰川的总量如此之大，甚至达到了地球淡水总量的70%以上。如果这些冰川全部融化，那么海平面将会上升大约70m。

实际上，你所处的这个时代，在地球漫长的历史时期中算不得多寒冷。对于"冰河时代"，你不必认为这只是一个提供荧幕灵感的科幻词汇，它事实上早已光顾过地球多次。

就在距今一万年前，上一次"冰河时代"才宣告结束，上一次"冰河时代"被称之为"白玉冰期"，而起始于七万年前。很多生物未能挺过这一次全球大降温，成了摆在博物馆与实验室里的遗骸，其中包括著名的猛犸象。任何一种生物的灭绝都可能有诸多原因，但是众多生物在很短的时间内灭绝，必然与严寒的气候之间有着非常直接的关系。

在最近的这一次"冰河时代"，大量的水被冻成冰川覆盖在陆地上，海平面比如今低了一百多米，其中三分之一的水面也已停止流动。地球只是冰封了一小半，生物圈却已经遭遇了一场巨大的灾难。若是地球彻底封冻，人类的繁衍恐怕也已被中断。实际上，人类文明在最近几千年的快速发展，也得益于冰河时代结束后相对平稳的气候。

所以，对于一颗行星而言，想要保持温度长期不变，这几乎是一件不可能的事。水的液态区间相对较宽，更有利于应对气候变化，成为生命之源也就不足为奇了。或许某一天我们也能找到在超临界二氧化碳流体中诞生的生物，但目前对已知的地球生命来说，水才是赖以生存的那种液体。

所以，哪怕你此时对水的重要性还一无所知，你的本能也会敦促你及时补充水分。你对母乳的偏爱，不只是因为其中的营养物质，也因为它含有大量的水分。

在喝下足够的水分之后，你就需要将多余的部分排泄出来，这便是尿液的来源。

与胎粪不同的是，你还在子宫中"居住"的时候，无法将尿液储存起来。换言之，出生后排泄的胎粪，的确是你第一次排泄的粪便，但是排尿这件事，几个月前你就已经轻车熟路了。

自然，这些尿液是被排到了羊水中了，不过你不必为此感到恶心，因为你在子宫时的尿液一点也不"脏"。

你或许会想，从喝下去的水，到排出来的尿，这些水究竟经历了什么呢？

某种意义上说，水在身体中流动的旅程，就和陆地上的水循环体系一样。在补充水分的时候，你的身体会迅速吸收水分，不管是细胞内还是细胞外，体液的含量都会增加。而你的血管，作为身体中的河流，会孜孜不倦地吸纳各种组织与细胞排放的水，就像地表的河流接纳山泉溪流那样。

　　血液这条大河之上，还有一处"大坝"，也就是你的肾脏组织。当血液通过肾脏的时候，血红细胞和那些大块头的蛋白质分子会被"大坝"挡住，剩下的水溶液可以顺利地通过。这部分水溶液就被称为原尿，是储存在肾脏中的一种体液。

　　对于这些已经过滤后的原尿，你的肾脏会进行细致的处理。原尿中还残余了不少营养物质，比如葡萄糖与氨基酸。肾脏会将残余的营养物质重新吸收利用。那些你实在用不掉的氨基酸，已经在肝脏那里被转化成尿素，此时也已经汇入到原尿之中。对你的身体而言，尿素已经是无法再利用的废弃物，肾脏并不会继续回收。于是，尿素，还有一些矿物质，就会被肾脏挤到你的膀胱中去。

　　可以说，从喝水到排尿，你的身体完成了一次绝佳的清洗过程。你只用很少的一点点污水，就带走了你身体各种组织分泌出的废弃物。你的膀胱如同一个蓄水池，尿液就在这里等着被排出你的身体。

　　尽管你已经弃尿液如敝帚，但是在一些细菌看来，这仍然是丰盛的晚宴。所以，当你排出尿液之后，不少细菌便会光临，贪婪地分解着其中的美味。尿素自然也是它们抢夺的对象。尿素会被细菌分解成二氧化碳与氨气。二氧化碳无色无味。氨气却有着一股难闻

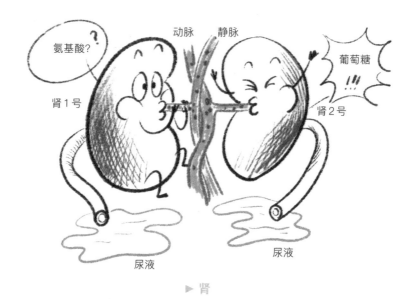

▶ 肾

的臭味，人类之所以会本能地认为尿液很肮脏，和这些细菌制造出来的氨气不无关系。

不过，此时的你显然还不会自己考虑这些问题，依然还像生活在子宫里那样，只要有意排尿，就会自然而然地让它顺流直下。

甚至，你比在子宫里尿得更加畅快。在你还未离开子宫时，所有的营养物质都直接从母体摄取。这些营养物质如此珍贵，哪里还会有用不了的氨基酸？更别提其他废物了。所以，你不会介意这些尿液直接排到你赖以生存的羊水之中。更何况，这里不会接触到细菌，也不会产生异味。但是，羊水的容量毕竟是有限的，你所排出的一些废物，积少成多，还是会让羊水变得越发污浊。某种意义上说，你选择离开母体独自生存，有部分原因也是因为污浊的子宫。

出生吧！出生之后，就可以摆脱这一局面。尽管你出生之后的第一次尿液才几十毫升，但却露出一副畅快的笑容。

这种快意未来也许还会在你的生命里出现很多次。那是因为，排尿对人类来说并不像其他动物那样随意，并且我们也不像狮子、老虎那样会用尿液来做标记。从卫生和文化的角度考虑，人类必须学会控制这个令人有些羞耻的过程。但是，生理方面的局限决定：膀胱这个蓄水池也是有上限的，过多的尿液会让膀胱不堪重负，此时清空自会感受到一阵轻松。

很显然，对你现在来说，这根本不是问题，没有人会介意你随时随地撒尿的任性。在很长一段时间里，也许是两年，也许是四年，你都不需要为此行为刻意担心，你的父母，还有你身边的所有人，都会去包容你，并且不辞辛劳地清理那些被你弄脏的尿布、床单与地面。

所以，如果不是因为排尿后的畅快，那你究竟是因为什么才感到如此开心，才会笑得那样甜美？没有人知道，甚至连你自己也不知道。

没有人知道你此刻的真实想法。你更无法将你的想法表达出来，因为你还没有掌握人类的通用语言。在接下去漫长的时间里，你都将练习这项技能，直到能够和其他人类的成员——也包括你的父母——进行交流。

你的世界正在缓缓拉开帷幕。

睁眼：来自视蛋白的色彩

第四章

1.你需要沟通

不得不说，你真的很顽强，以如此脆弱的身躯，昂然来到了这颗充满危机的星球上。不仅如此，在出生后的48小时里，你顺利地度过一个又一个关卡，学会了呼吸，学会了饮食，也学会了排泄。

换句话说，你已经学会了与这个世界形成物质交换的全部技能。未来的路依然很凶险，但你掌握的基本技巧，已经让你拥有了生存下去的最大底气。

剩下的事，就要超越物质层面了。

你饿了，需要想办法把这个情况通知给你的母亲；你的纸尿裤湿了，也需要告诉你的父亲，让他暂停手上的游戏来替你换一换……

总之，你还不能自力更生，必须要学会沟通的本领，才能让身边的人帮你解决实际问题。

2.你的第一次视觉识别

在出生后的一周，你做了一个很小的动作，却让你的父母感到无比激动——你略微用力，打开了你的眼睑。

你懵懵懂懂，并不知道发生了什么，只是眼前出现了一束光。然后，你第一次看到了这个世界，看到了围在你身边的父母。他们正张大嘴巴，似乎不敢相信你睁眼这件事是真的。

你本能地认为他们有些大惊小怪——健康的婴儿都会在一周左右亮出自己的双眸，这不过是自然规律罢了。但你无从表达自己的心意，只是傻傻地笑着，这更加激起了他们的怜爱之情。

此时的你，并不能精确地掌控脸上的表情，能做出的反应大抵只有两件事：大哭与大笑。不过，这似乎也已经足够，至少这两个动作看起来有挺大的差别，能够明显地让你父母体会到你是不是感到舒适。计算机只需要0和1这两个代码就能实现强大的计算能力，你略显单薄的表情变化，又何尝不能应对各种场景呢？

所以，你并不理会这些，只是依然傻笑，好奇地环顾四周，观察你所处的环境。

父亲坐在床边摇着你正躺着的婴儿床，似乎还沉浸在因你睁眼而欢欣的余波之中，哼着什么小曲。母亲满脸微笑，正在帮你整理着身上的铺盖，自己也跟着婴儿床摇摆的幅度轻轻晃动。

这一切在你眼中看起来有些滑稽，于是你笑得更欢了。

是了，这定是你父母的卧室，而且还是他们的婚房，因为你的目光被床头上方的巨幅照片吸引，照片上那两个人，不是你的父母还能是谁？你的父亲就像一位骑士，英气地站在你母亲的身边。他那墨黑的骑士装镶着金色纽扣，与你母亲洁白的婚纱错落有致，交相辉映。长长的婚纱一直拖到地面，红色的玫瑰花瓣散落在裙摆之上，暗示着照片主人的百年好合。这一切，在有些苍黄的曝光效果之下，显得那么真实。

你盯着这张照片良久，或许只是被这富有层次的色彩所吸引。

你不会意识到，这些色彩是人类数百万年来的智慧演变——并不是所有陆地动物都能像你这样大饱眼福。

对于动物而言，视觉是一项基本而又重要的识别系统，这背后既藏有深刻的物理规律，也离不开物质的化学基础。

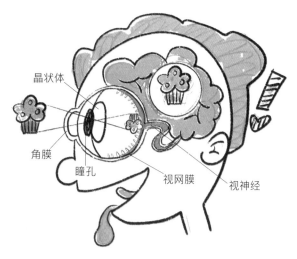

晶状体

角膜

瞳孔

视网膜

视神经

▶ 视觉产生

任何一种生物要对外界环境的变化做出反应，首先要能够接收外界的信号，而这些信号会以千奇百怪的形式存在。比如：天气冷了，就是温度带来的信号。接收这个信号后，人们知道添衣服，动物长出更厚的毛发，就连植物也都会通过落叶等形式抵御寒冬。又或者，用手触摸一下含羞草，它就会把叶子收起来。这是机械力向含羞草传递的信号。

既然是信号，传递速度自然就成了非常关键的参数，这就和手机信号一个道理。

所谓视觉，就是通过眼睛去捕捉、观察对象所发出的光。人眼能够看到的光，便是可见光。在人类目前已知的物理学常识中，光是传播速度最快的一种现象，可以达到每秒钟30万千米。用光作为信号传播的介质，在速度上显然是有优势的。相比之下，声音在空气中的传播速度只有340m/s，虽然比人类跑动的速度快得多，但是相比于光速，甚至还不及与兔子赛跑的乌龟。

这种差别于我们而言并不陌生。比如：雷电发生的时候，会同时产生耀眼的光芒与巨大的轰鸣。对地面上的人来说，几乎在雷电产生的同时就可以看到闪电，却要在好几秒之后才会听到雷声。光与声的交流方式，虽然只是区区几秒，却有可能决定一个生命体的生死。

试想，在濒临树丛的一片草原上，某个猿猴家族正在觅食，其中有几只分守在周围的土堆上瞭望远方。这些"哨兵"是在观察周边是否会有剑齿虎出没。一旦遭遇警情，"哨兵"就会发出信号。此时，所有的成员便会立即爬上树梢。

隶属于灵长目的古猿，大概是在美食的诱惑之下，离开熟悉的树梢，开始向草原进发。这并非一项轻松的使命，因为草原上那些食肉的霸主们并不甘心拱手交出自己的地盘。于是，冲突在所难免。面对剑齿虎，这些猿猴能够做的，就是尽可能提早发现危险，为逃跑赢取最大的可能性。

发动攻击时，剑齿虎可能会传递出不同类型的信号。但是，这些信号的传递速度都不够快。等到猿猴们监测到这些信号时，奔跑能力惊人的剑齿虎说不定就已攻到了眼前。因此，猿猴要想更快地发现它，就要动用自己非凡的视觉，敏锐地捕捉到远方的剑齿虎一点点逼近的身形。

正是凭借这一套兵法，古猿们才得以逐渐征服草原，并最终演化成智人。视觉的重要性，可见一斑。

但是，这个遥远的故事还缺少最关键的一环——生命体需要通过怎样的模式才能感受到光？

要搞清楚这一点，首先需要明白，什么是光？

光并非我们通常所说的物质。早在牛顿生活的年代，对于光的本质，就已经出现了很多猜想。17世纪时，在英国皇家学院工作时，牛顿有一位前辈兼同事，也是近代化学的奠基人波义耳，在自己的著作中提出了"物质由微粒构成"的哲学思想，这也成为科学革命中的一颗重磅炸弹。牛顿接受了这一思想，而且走得更远。他认为光也是由微粒构成的，并由此阐述了很多经典的光学理论。

牛顿只说对了一半。光，的确可以算作是由粒子构成的，但是这些被称为"光子"的微粒，在静止状态下的质量为零。也就是说，光子是一种"虚无"的粒子，和氧气这样的物质有着天壤之别。现代的科学家们更愿意用"波粒二象性"去描述光的特性，既承认它有光子微粒的属性，但也会用电磁波去描述它的波动性质。

以电磁波的属性来看待光，所谓的可见光，实际上是波长在400~760nm之间的电磁波。纳米是很小的长度单位，1nm只有1mm的百万分之一。

电磁波和水面的波浪一样，是利用振动传输能量的一种形式。只不过它不需要水，也不需要包括空气在内的任何介质，只需要电磁场就可以。所以，哪怕是在真空中，电磁波也可以传输。太阳是地球的能量源，而在太阳与地球之间长达1.5亿公里的行程里，绝大部分都是真空的环境。幸亏电磁波能够穿越"禁地"，为地球带来丰富的能量，也让视觉这种识别系统成为可能。

对你来说，视觉是第一个被动训练的交流方式，本质上就是你

红萝卜蹲完，白萝卜蹲

▶ 波粒二象性

对不同波长的电磁波所做出的反应。你可以用眼睛看到整个可见光区的电磁波，但是对其他波长的电磁波，比如红外光与紫外光，便无能为力了。不仅如此，你的眼睛还可以对可见光区进一步细分，识别出其中的"赤橙黄绿青蓝紫"来。

你对这个世界的第一印象，便是你用眼睛看到的各种色彩。你刚开始学会说话时，最容易记住的词汇往往都和颜色有关。这并不意外，敏锐的视觉识别能力，是人类的一项特长。

不过，并非每个人都像你这样幸运。有些人看到的色彩也远比你单调，无法亲眼看到这鲜艳绚丽的世界。这种情况被称为"色盲"。

英国化学家道尔顿是最早发现色盲的科学家。他的主业是理论化学，最大贡献是确立了"物质由原子构成"的思想。之所以他会越俎代庖，研究色盲这种生理问题，只因为他自己就是一名色盲患者。有一次，他发现自己眼中的灰色袜子，在身边其他人看来，居然是"红色"的，只有他的弟弟对他的意见表示支持。由此，他揭开了"色盲症"的面纱。他和弟弟是天生的色盲患者，看不到别人眼中的红色与绿色。如今我们知道，色盲是一种遗传疾病，并且是伴随X染色体（我们后面还会说起它）的隐性遗传疾病。

人体能感受到光和色彩，全都仰仗不同波长的光在视网膜上的成像。可以说，视网膜就如同老相机的底片。光照可以让视网膜的颜色发生改变，从而成像。底片上涂有感光物质，视网膜上则分布着感光细胞，两者都是为了捕捉光线。感光细胞有两种形态，分别被称为视锥细胞和视杆细胞。其中，视锥细胞负责辨别颜色；视杆细胞则负责感受弱光。每一个视锥细胞中，都含有一种视蛋白与色素的组合体。这些组合体就通过色素物质吸收特定波长的电磁波。不同的视锥细胞会携带不同的组合体，它们会吸收不同波长的电磁波，这样视网膜就能感受到不同波长的色彩了。

不难想象，视锥细胞的种类越多，就可以吸收更多波长的光线。这样眼睛就能看到更加丰富的色彩。之所以你看到的世界比红绿色盲症患者的世界更丰富多彩，是因为你有三种视锥细胞而他们却只有两种。

对个人而言，色盲是个让人烦恼的基因缺陷。然而在现实世界中，色盲是生物演化博弈数亿年的结果。

你知道，地球上早期的生命都是单细胞生物，它们不可能像人类这样，利用感光细胞去看世界。可是，不管是何种生命，生长与繁殖过程都离不开信息交换。

感光是一种很有利的交流手段。因为光速快，而且可以穿越真空，为生命带来最重要的能量，所以能够利用电磁波进行交流的生命，必然会获得有利的竞争地位。

感光这个技能对地球生命来说，原理上倒也不难实现。任何物质都会吸收电磁波，区别只在于吸收电磁波的波长不同。但是从工程角度来说，感光却也不是那么容易，因为太阳光里的电磁波分布有些特殊，生命体需要筛选出最合适的感光物质才可以。

太阳发射出的电磁波，虽然覆盖了很宽的波长范围，但是大约99%的电磁波，波长都处于200~4000nm之间。正如前面所说，以人眼的视觉范围为限，可见光位于400~760nm之间。赤橙黄绿青蓝紫的顺序，实际就反映了可见光按波长从长到短的顺序。若是电磁波的波长在400nm以下，比紫光的波长还短，便是紫外光；若是波长达到760nm以上，比红光更长，便是红外光。当然，还有波长比紫外光更短或比红外光更长的电磁波，但这些电磁波和生命之间并没有太多直接的关系。

更具体来说，太阳光中的紫外光占比也不大，还不到10%。在太阳光穿过地球的大气层时，空气会吸收太阳光中的紫外线。

空气会吸收紫外光，这并不是一件令人意外的现象。事实上，几乎所有物质都能够吸收紫外光。每一种物质，哪怕只是由一个原子构成的物质，也会有不同的能量状态。激发态的物质，其能量会比基态更高。激发态比基态多出的这些能量就可能是吸收电磁波而来的。所以，物质对电磁波的吸收，本质上就是能量发生了转移。

一种物质或许会有很多个激发态，但是这些激发态与基态之间的能量差往往是固定的。这就意味着，必须要输送特定的能量，才能使物质由基态跃迁到激发态。打个比方来说，平时的你处于基态，而你跳舞、跑步或打扫房屋的时候，便处于激发态。要达到这种激发态去完成任务，你就需要通过吃糖果的方式补充能量，而这糖果就好比是能被物质吸收的电磁波。只不过，"电磁波"糖果不能被切成小块，而且一次只能吃一块，所以你就需要根据自己的实际消耗去选择合适大小的糖果。

对于电磁波而言，能量和波长之间有着很深的渊源：波长越短，能量就会越高。所以，紫外光的能量比可见光高，可见光的能量又比红外线高。如果把电磁波比作激发物质状态的糖果，那么紫外光毫无疑问是大糖果，红外光是小糖果，而可见光就是中糖果。

很多物质都愿意吸收紫外光。现代科学也发现，生命的起源和紫外光之间有着密切的联系。可是，太阳光中的紫外光又很紧俏，这就带来非常尴尬的局面：大批的可见光、红外光无人问津，想要的紫外光却又抢不到。于是，在这种局面下，原始的单细胞生命，虽然从物质层面上有感光的潜质，却没有感光的对象。而且，正因为紫外光的能量太高了，有些物质在吸收了这些能量之后，过于"兴奋"就发生化学反应，转化成了其他物质。

在经过长期的演化之后，一些生命体中形成了原始的色素物质。这些原始的色素物质可以使生命体吸收并利用可见光。这就让感光的技能真正有了用武之地。

在这些色素中，不得不提的是叶绿素。30亿年前，蓝藻拥有了叶绿素，从此具备了原始的感光能力，可以大规模地吸收阳光中的红光，发生大名鼎鼎的光合作用。当阳光中的红光被吸收后，剩下的那部分光便成了蓝绿光，这才有了蓝藻与植物绿叶为海洋和大地上了色彩。在将红光能量加以利用的同时，光合作用还释放出海量的氧气。氧气为动物的诞生做好了准备——你已经知道，氧气是你一辈子离不开的朋友。

斗转星移，几十亿年过去了，时间来到了距今大约两亿年的侏罗纪，此时的地球还在恐龙的主宰之下，昆虫也在活跃地繁衍着。这时期生命的视觉系统已经非常复杂，视蛋白，也就是主管视力的蛋白质，成为更为关键的感光物质。

这是生命演化过程中的必然趋势。蛋白质的个头远大于叶绿素这样的色素分子。如果说叶绿素有一间茅草屋大小，那么蛋白质的尺寸就如同一座摩天大厦。视蛋白和色素分子结合之后更是如虎添翼，色素分子负责感光，而蛋白质负责吸收光的能量。当硕大的蛋白质分子吸收了光以后，就不只是从基态跃迁到激发态这么简单，它还会同时发生其他变化，特别是整体形态也会因此改变。

这很重要。试想，一间茅草屋，如果它的造型发生了改变，或许并不会引起太多人注意。但是，如果帝国大厦突然变成了迪拜塔，大概就会引起一阵骚动。

在吸收了特定的光之后，激发态的视蛋白发生变形，的确引起了一阵骚动。你完全可以把视蛋白想象成是一把锁，它处于基态时，是锁住的状态；处于激发态时，"锁"便被打开了。开了视蛋白这把锁之后，关于这束光的信号，便通过神经系统传递给了做决策的中枢神经。

恐龙生存的那个年代，是一个十分依靠比拼视觉系统称王称霸的时期。此时，鱼类、昆虫、爬行动物、两栖动物，以及正在转型期的鸟类与哺乳类祖先们，普通拥有很多种视蛋白。视蛋白的种类越多，也就意味着可以识别出更多波长的光，意味着"可见光区"的范围越大。

坦率来说，如果你回到两亿年前，也会感受到"色盲"的烦恼，因为你只有三种视蛋白，身边的那些动物眼中的世界远比你更精彩。

正是在这样丰富的视觉系统之下，动物们演化出利用光线的更多能力。比如：夜晚灯下飞舞的虫群就是在利用光线导航，只不过，因为它们把路灯当作了月亮。月亮反射的是太阳光，但是因为与地球的距离远，照射到地面的光接近于平行光，于是就有了"月亮走，我也走"的现象。只要你保持与月光的夹角不变，就可以保持方向一直向前。然而，路灯实际是点光源，昆虫仍然按照原有的月光导航系统飞行，却只能徒劳地绕着路灯旋转。

眼睛中多种视蛋白存在于视觉系统中，更是让颜色成为重要的参考信息。至今我们还能观察到，很多鸟类都会通过甄别颜色去择偶，也是因为丰富的羽毛色彩可以让它们了解对方的健康状况。

只有三种视蛋白的你，或许会对此感到羡慕。不过，从化学物质的基础来说，生命体之间是非常公平的。你在失去一部分能力的时候，往往也会同时获得另一部分能力。

在恐龙生活的那个时代，你的祖先，同时也是哺乳动物的共同祖先，它们并没有能力和各类爬行动物一较高下。此时威猛雄壮的恐龙才是生物圈中的王者。

于是，哺乳动物只能选择对自己有利的时间与空间出没。

哺乳动物选择在夜间活动。夜间没有了阳光，能量也就没有那么充沛，地表的温度急剧降低。这对恐龙这样的变温动物来说，休息是最合适的选择。哺乳动物是恒温动物，依然可以很自在地活动。

既然这时期的猎食动物都有着出色的视力，那么躲避它们追捕的最佳方法便是找一个它们看不到的地方，显然地下是个不错的避难所。

然而，不管是夜行还是穴居，哺乳动物都不得不放弃视觉系统的庇护，生活也变得异常艰难。此时多种多样的视蛋白，不仅没有

▶ 恐龙视觉

实际价值，还变成了自己的负担，毕竟合成蛋白质对身体而言是一件很吃力的工作，更别说怠工的视觉细胞会占据宝贵的空间。这就好比，在相机底片上，有一些区域不能感光，岂不是会影响最终的成像效果？于是，在漫长的演化过程中，哺乳动物的祖先只保留了两种视蛋白，分别能够感受到蓝色与绿色。对于身体结构如此复杂的哺乳动物而言，两种视蛋白的视觉系统已经是最简化的结果：如果一种动物只保留一个视蛋白，那么光线对它而言只有强弱之分，眼中的场景像是在观看黑白电视机，光的波长差异也没有任何意义。保留两种视蛋白，可以在两种不同的波长条件下进行比对，这样才有可能通过波长区分不同的观察对象。

正所谓塞翁失马焉知非福，在失去对色彩的敏锐辨识度之后，哺乳动物们另辟蹊径，演化出又一种视蛋白。这种视蛋白并不能很好地感受色差，却对弱光非常敏感。从生命博弈的角度来看，这当然是一种迂回战术，不过是应对夜间或地下环境的权宜之举。如果从生命发展的角度来说，这实在是一个了不起的进步。

至今，你的双眼仍然保留着这些功能。原本那些可以感受不同色彩的视蛋白，它们就待在视锥细胞里。感受弱光的这种视蛋白参与构成了视杆细胞。所以，对你而言，视锥细胞通常是白天执勤，能够识别丰富的色彩变化，而在晚上，视杆细胞则会更加活跃。

负责感应弱光的这种视蛋白和其他视蛋白一样，也需要有一个感光的小分子作为自己的帮手，这是一种被称为视黄醛的物质。视蛋白与视黄醛结合之后，则被称为视紫红质。

在人体中，视黄醛主要由维生素A转化而来。如果身体中缺乏了维生素A，视黄醛的分泌不足，对弱光的敏感性自然就会下降，甚至在光线较弱的时候什么也看不清。这便是"夜盲症"的由来。

对现在的你来说，这是个不大不小的问题。一方面，你正在飞速地发育，的确会面临维生素A的短缺；但是另一方面，母乳已经可以提供足够的维生素A。离开了母乳，你就只能吃一些富含维生素A或者可以被身体转化为维生素A的食物了。

九成以上动物的维生素A都会储藏在肝脏中，人类也不例外。成年之后，你一般不用担心身体缺乏维生素A。而在需要补充维生素A时，动物的肝脏便成了最佳选择。

至于来自植物的食物，虽然它们都不含维生素A，但是像胡萝卜素这样的物质，还是可以被人体吸收并转化为维生素A。所以，多吃胡萝卜，也可以避免夜盲症。

不难想象，为了能够在夜间觅食生存，哺乳动物的视杆细胞会

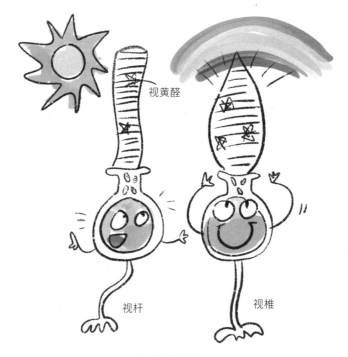

视黄醛

视杆

视椎

▶ 视觉细胞

更加发达。对你而言，视网膜上所有一亿多个视觉细胞里，视杆细胞的数量达到了视锥细胞的近20倍之多。

但是作为哺乳动物的你，又为何会重新获得第三种视锥细胞呢？

这还要感谢6500万前的那一场灾难，一颗巨大的陨石袭击了地球。据科学家们推测，当这颗天外来客撞到地球以后，海啸吞没了大片陆地，毒烟四起，遮天蔽日，缺少阳光照耀的地球表面很快降温。

在一系列毁灭性打击之后，地球上的生命也遭遇大清洗，恐龙未能抵抗食物短缺的压力，最终灭绝。哺乳动物却因此迎来春天，从此可以更自由地在白天占领地面以上的空间。

早期的灵长目动物来到了树梢之上，吃树上的各种果实。然而，非常不利的局面在于，灵长目动物既不能像牛羊那样的食草动物，也不像虎豹那样的食肉动物。要想吃到营养丰富的水果，它们就要去挑选那些成熟的水果。对现代人来说，这不是什么难事，在一片绿叶之中，找到红色的果实，几乎是一种本能。但是，早期的灵长目动物只有两种辨色的视蛋白，只能看到蓝色与绿色，无法分辨红色及与红色接近的黄色或橙色，加之树上的果实又不像猎物那样移动，这就让灵长目动物的觅食过程变得艰难。

但命运最终还是眷顾了勤勉的灵长目动物。大约在3000万年前，灵长目动物发生了一次基因变异，主管视蛋白合成的基因出现了一点小差错，合成出了一种次品视蛋白。这种视蛋白吸收光的波长与原有的蛋白之间存在偏差，恰巧能够感应到红色光。失而复得的第三种视蛋白是灵长目动物的"独门配方"。经过不断地复制、繁衍，绝大多数灵长目动物都有三种视蛋白。所以，人类能够利用红绿蓝三种视蛋白进行辨色，还要感谢这次意外的基因变异。如今，我们之所以会以红色、绿色、蓝色作为三原色，正是因为我们自身只会对这三种颜色有所感应。至于其他颜色，都不过是这三种颜色在人眼中的叠加效果。实际上，要覆盖整个可见光区的颜色，并非只有红绿蓝这一种组合方式，比如打印机系统就是青、洋红、黄和黑色（CMYK）的四色系统。

至此，你的祖先已经掌握了非常精妙的感光能力。人类通过三种视蛋白去感受三种不同的光，再由视紫红质感受弱光。这样的视力辨别技巧，几乎可以超越地球上已知的所有动物。他们在旷野中开拓生存领地时，和所有哺乳动物一样能够夜间活动，但又比其他哺乳动物看到的场景更生动，大大地提高了自身的存活能力。于是，他们把这些生存的密码刻在基因里，一直传到了你的身上。

当然，在传承的过程中，人类也有不少改进。比如：视网膜上的细胞分布并不均匀，其中有一片黄斑区域，只存在白天专用的视锥细胞，而且密度远超其他区域。这种分布方式，有利于人眼更专注于一些特定的对象。若是你要在一群人中寻找你的父母，并不需要大脑去识别视野中所有的人脸，而是专注于出现概率更高的区域，这样就不必花很多时间来完成这个过程。

不仅如此，人眼的视角相比于很多动物而言也更窄，甚至连前方180°都不能完全覆盖。绝大多数爬行动物与鸟类，还有很多哺乳动物的两只眼睛都分别位于两侧，看到的景象基本不重叠，所以能够看到更广的视角。但是灵长目动物却都是位于脸的前方，双眼看到的景致几乎完全相同。这样一来，看到的事物的确少了很多，却可以通过两只眼睛成像的对比，让大脑能够更好地判断空间距离。

甚至就连色盲症也并非一无是处。科学家们非常好奇，为什么人类的祖先早在数千万年前就已经获得第三种视蛋白，在经历了这么多代的繁殖之后，自然选择依然未能将导致色盲症的基因淘汰？事实上，有大约8%的人至今还携带着这种基因。有人认为，双色识别系统，在捕猎时会对移动的对象更敏感，而远古人类在演化之路上，也需要靠捕猎才能补充蛋白质，这大概便是色盲症基因得以保留的理由吧。

　　总之，睁眼看世界的这一瞬间，你看到的或许只是床头那幅彩色照片，但是你的视网膜，却刻着地球生命长达数十亿年的印记。

　　当然了，对你来说，这似乎是个有些过于厚重的话题。或许有朝一日，当你需要用这双眼去欣赏《清明上河图》，或是观察蟹状星云的时候，你会重新想起这个问题，而眼下，你正被另外一件事吸引了注意力。

学语：复杂的交流系统

第五章

1. 更多的交流方式

当视觉系统开始发挥作用后，你对这个世界的认识进入了全新的境界。你的视线回到了父母身上，他们的嘴巴一张一合，并发出一些声响，这让你感到十分好奇。

你会试着去记住任何你能够看到的场景，记住每一个抱过你的人。与此同时当你来到一个陌生的环境，抑或是有个未曾在你脑海留下过痕迹的人将你抱起时，你的视觉系统会发出警报。

你甚至也会尝试去理解你所看到的任何事情。当你重新回到自己出生时的医院，在护士将你抱过时，你会对着她端详，试着读懂她的微笑。

但是，你需要解决一个非常关键的问题——如何对这纷纷扰扰的世界做出回应？

尽管你正在一天一天地长大，接收越来越多的信息，可你回应的方式通常还是从娘胎里带出来的那两样技能：哭和笑。这让你感到非常局促，甚至是有些窝火，纵然有很多的想法，却也不能传达出去。

所以，你迫切需要掌握更多的交流方式，比如"说"出来。

这种方式，自打你出生的那一刻起，就已经注意到了。那时，你清晰地听到，爸妈因为你的降临而感到由衷的开心。可惜的是，你只能意识到他们的情绪，至于他们说的是什么，却也不能完全理解。

　　你发现，他们互相交流的语言，似乎是一种神奇的密码，可以传达很多信息。于是，你有了学习的冲动。

2.要学说，先学听

　　视觉的交流，依靠的是光，而语言的交流，依靠的则是声。

　　有一点，声和光是相似的——它们都是波。不过，光是电磁波，可以在真空中传播，声音却不能突破真空。这当然不是坏事，因为我们有理由相信，太阳就和雷电一样，在发出强烈闪光的同时，也会形成巨大的噪音，如果这些声音也一同突破真空传递到地球上，恐怕地球上的生命就永无安宁之日了。

　　声音之所以不能离开物质传播，只因它是一种由物质振动形成的波。

　　不过在地球表面上并不存在这个问题，哪怕是在空气稀薄的珠穆朗玛峰上，声音也依然可以传播，不存在盲区。

　　更重要的是，声波的传递速度虽远不及光波，却永不"落幕"。即使在北极或南极点，极昼可以带来长达半年的连续日照期，并不温暖的阳光普照雪原，然而在太阳落山之后，同一个地点就将迎来暗无天日的另外半年。

　　对你来说，虽然你在夜晚也能看到一丝亮光，但也不过是迫不得已的一种安慰。你终究不能用眼睛在夜间清晰地成像，分辨各种物体。这个时候，声音就显得十分重要了。

　　声音有别于光的另一个方面，是声音并不能被生命吸收作为能量使用。的确，声波也是能量传递的一种形式，比如地震或海啸的时候，会产生一些次声波，其中蕴含的能量大到足以让人窒息。然而，一般的声音携带的能量很低，生命要想吸收这些能量并加以利用，并没有那么容易，能听到就已经很不错了。所以，生命对光波的利用，一开始是为了吸收其中热量供自己生存，后来才演化出信号传递功能。然而，生命对声音的利用，则是更纯粹地作为一种信号传递方式。

利用声音传递信号，是很多动物的本能。它们发出来的这些信号，或许是同伴之间通风报信，或许是给猎物的威慑或诱惑，又或许是给捕猎者设下的迷局。

但是，从生命演化的角度来看，生物知道能够通过发出声音传递信号，很可能是因为先产生了听觉。只有从自然界先"听"到各种声音，并借助于这些声音去判断自己所处的环境，才能慢慢地摸索出自己发声的办法。

你又何尝不是这样呢？

你躺在摇篮中，听到电视机里动画片的声音，听着窗外的鸟鸣，听着父母的交谈……而你自己，却只能发出很单调的声音。

但是这不要紧，因为此时的你，听觉正在飞速地发育，很快就会抓住这些声音的细节。总有一天，你能体会到这些声音变化的内涵并尝试描述它们。

耳朵之于听觉，就如同眼睛之于视觉，并且耳朵和眼睛都是人体中为数不多成对出现的器官。你一定已经猜到，和一双眼睛的作用相仿，两只耳朵也是为了让我们对声音的判断更有"立体感"。

当然，还是和眼睛一样，人类的耳朵也可能存在先天缺陷。所以，很遗憾，有些人不能像你一样，天生就拥有一副好耳朵。不过，相比于视觉来说，听觉的恢复似乎并没有那么困难。

这一切，就要从声波的特性说起了。

声波传递的能量在物理学上有个专有的名词，叫作"机械能"。简单来说，机械能就是物质运动时的动能及让物质形成运动趋势的势能。比方说，长江水奔流到海不复回，是因为我国西高东低的地势；长江水流动时的动能及它处于高海拔时的势能，都是机械能。

能够传递机械能的波，自然就是"机械波"了。声波便是一种机械波。

当声波通过空气传播到你的耳朵时，并不充沛的能量，会驱动空气中的分子开始振动。它们此起彼伏，就跟池塘水面上的波浪一样有规律。水波总会传到岸边，而声波也总会传到你的耳朵。

你的耳朵具有非常完整的功能，能够将接收到的声波信号转化为大脑可以识别的电流信号，让你得以分辨出声音的频率、音量

声音是一种波

▶ 声波

乃至音色。根据这些特征，你可以知道刚刚是爸爸还是妈妈在呼唤你，而且还可以辨别他们此时的情绪。

耳朵并不是唯一能够感受声波的器官。声波作为一种机械波，本质上来说，就是一些物质分子以特定的节奏做机械运动。这些分子可以撞击身体中的任何部位。

如果你将来对音乐艺术感兴趣，一定会听说大音乐家贝多芬的逸事。贝多芬双耳失聪之后，依然坚持创作音乐。这听起来有些不可思议，但是实现起来并没有那么困难。就算我们把耳朵捂得严严实实，也还是可以听得到自己牙齿咬合的声音。这是因为，牙齿互相触碰之时，牙齿中的分子也会振动。通过颅骨，它们同样会把振动的信号传递给大脑。贝多芬便是利用这个原理，用木棒抵住钢琴的发声位置，牙齿咬住木棒，弹奏他钟爱的音乐。

如果说贝多芬的故事还有些传闻色彩，你还可以去欣赏2012年伦敦奥运会开幕式上的现场演奏。在这场盛会中，也有一位耳聋的音乐家，她叫伊芙琳·格兰妮，是现场演奏乐队中的鼓手。幼年时期，她便因病失聪，但她不舍自己对音乐的爱好，借助于触觉去感知声波——她的整个身体都是她的耳朵。

感知声波，只需要能够感知到物质的振动即可，这个原理也推动了助听设备的发展，让很多失聪的人也能恢复听力。不过，更曼妙的声音还是需要通过耳朵去识别，结构精妙的耳朵能够更专业地胜任这项工作。

脑袋外部的耳朵被称为外耳，也叫耳廓，它们的形状有些像饺子，可以拢住声波。长大之后，你会注意到动物的外耳形状各异，像猫那样的三角形耳朵比较普遍。

生物演化的理论还不能对耳朵形状的问题做出完美的解释。一个很有趣的例子在于，人类外耳的最下方也有两种形态，一种是有耳垂，一种是无耳垂。人类外耳最下方的形态是由基因控制的性状。而且，最新研究表明，很多个基因共同起作用，最终才形成了这样的分化。但是，耳垂在功能上似乎只是一个无关紧要的部位，它对听力没有任何影响，更不用说其他功能了。到底出于什么原因，需要让我们的身体大费周折，在耳垂上大做文章？这引起了遗传学家们的注意。

不过，撇开这些细节，外耳的形状主要还是有利于将声波反射，直到它们被增强之后进入耳道。

在你漫长的生命里，每隔几天就需要和这对耳道打个交道。它们会用隐隐作痒的方式提醒你注意。你总是会很谦卑地去维护它们的卫生（掏耳朵）。当然，在你刚刚出生还不能独立自理的这些年里，掏耳朵的工作通常会由你的父母代劳。他们把你抱在怀中，示意你不要摇晃脑袋，小心翼翼地用镊子、挖耳勺或者棉棒清理耳道里的污秽。

通常，我们会用"耳屎"这个不雅的词汇来称呼从耳道里掏出来的一些污垢，但它们其实还有个不俗的名字——耵聍。耵聍是由耵聍腺分泌而来，但是成分并不固定，主要是一些脂肪和蛋白质。通常来说，耵聍会变成蜡状或粉末状，只要稍稍用棉棒擦一擦，便可以被清理掉。

然而现实要复杂得多。脂肪和蛋白质对人类来说是重要的营养物质，对其他生物而言也是如此。比如：那些体型特别细小的细菌可以盘踞在耳道内，悠然自得地享受着耵聍大餐。经过它们的代谢之后，蛋白质被分解，耵聍就真的成了耳屎了。这时你的耳朵就不只是发痒了，更有可能感染炎症。

即使没有细菌，如果皮肤油脂分泌过于旺盛，耵聍也会被油脂裹挟，从蜡状变成淤泥状，粘在耳道上难以脱除。此外，不饱和的脂肪在氧气的作用下发生氧化，也可能会让耵聍臭不可闻。

少量耵聍的存在，也许对耳朵还是一种保护，比如当很强的声波钻入耳道时，耵聍可以吸收一部分能量，避免对听力系统造成太大压力。不过，要是你没有养成掏耳朵的习惯，那么耵聍就有可能在耳道里不断积累。直到有一天，它们会彻底地堵住耳道，挡住声波的传输路线，让你的听力受损。

医生经常会遇到耳道被堵住的患者，用一种叫耵聍钩的专业工具掏出那些如同化石一般的耳屎。所以，你可不能纵容耵聍在你的耳道里持续"发育"下去。

好在是，对很多人来说，掏耳朵都是一个很享受的过程，这大概是因为在掏耳朵时会刺激到某些敏感的神经，促进多巴胺的分泌。总之，这是对你掏耳朵的一项奖励，让你不会对这项工作太过抵触。

有了这样的机制，你可以保持耳道的畅通，让声波直达鼓膜。

3. 又是蛋白质的魔法

鼓膜是非常薄的一层膜，厚度就和头发丝的直径差不多。

从这个名称不难看出，它很像鼓的鼓面。其实鼓膜与乐器中鼓的鼓面不只是名称有关联，它们的原理乃至材质都很有关系。

鼓，是人类最早学会制造并演奏的乐器之一。

▶ 耳膜

葬礼或祭祀的出现，在文明起源中的地位足可以和青铜器相提并论。某种意义上说，葬礼更贴合人类文明的共性，而青铜器反倒不是文明奠定的必要因素，如发展于中美洲的玛雅文明直至灭亡时也未曾进入青铜器时代，然而祭祀却是玛雅文明非常重要的一项活动。

用特定的仪式，表达对先人或神灵的尊敬，这是人类情感的寄托。散落在世界各地的人类早期部落，不仅不约而同地发现了这一点，更是普遍选择了用特殊的声音来营造这种哀思的气氛。

有需求，还要有材料。还好，对于石器时代的原始人来说，这似乎是可行的。

最容易实现的乐器是打击乐。你大概可以想到，对原始人来说，他们吃剩下的兽骨，相互敲击就能发出清脆的响声。

但是这声音不够浑厚，音色也很难调和。

在不断地摸索之后，原始人发现，如果用兽皮紧紧地蒙住石头孔或木头孔，再利用孔洞里面空气的共振，便可以通过敲击实现更动听的声响。当然，他们恐怕不会知道这其中的原理，但你却可以轻松地明白，当兽皮被敲击时，自身发生振动的同时，也会驱动着空气持续振动，这便可以让声音更有立体感和层次感。

于是，原始的鼓便被发明出来了。在新石器时期，人类学会了制作陶器，可以准确地控制成品的形状。于是，用陶胎制作鼓的想法也就应运而生。

从此，鼓成为人类早期文明时期最主要的乐器之一，直到今天也仍然是很重要的打击乐器。它可以准确地控制音乐的节奏，例如京剧演奏中的司鼓便是场上的指挥；它可以敲打出不同的音调，而不是兽骨相击的单调声音；它可以用声音为你的心跳伴奏，每一声都让人鼓舞，从古至今都配合着军队出征的步伐。

不难想象，原始人正是在这样的鼓点伴奏之下，披发文身，围着火堆跳着神秘的舞蹈，完成葬礼或祭祀仪式。

至于鼓的诸多优势，离不开它所仰仗的物质基础，也就是鼓面上的那层兽皮。

而你耳道里的鼓膜，就和这些兽皮一样，成分都以蛋白质为主。你能够分辨出各种声音，也得益于蛋白质的魔法。

品味过母乳后的你或许记得，人体中的蛋白质是由氨基酸连接起来的。常见的氨基酸有20种。甚至你还记得，光是人体中的蛋白质种类，就有不少于十万种。不瞒你说，在今后的日子里，我们还会多次说起蛋白质。每一种蛋白质，都意味着至少一种特定的功能。

20种氨基酸何以演变出让人如此眼花缭乱的蛋白质？

这似乎是个数学游戏——仅仅通过氨基酸的顺序变化，就可以形成无以计数的蛋白质结构。一个分子中若是只有一个氨基酸，固然只有20种可能；而当两个氨基酸相连时，可能存在的结构就激增到400种；以此类推，三个氨基酸相连的可能性有8000种，之后每连接一个氨基酸，都会让可能的结构种类扩大20倍。用数学语言描述，这是一个"指数函数"，一个分子中有几个氨基酸相连，那么这个分子可能的结构种类就等于几个20相乘。一个普通的蛋白质分子往往包含上百个氨基酸，那么它可能的结构种类就是一个天文数字。

即使明确了氨基酸排列的顺序，也仍然可以"制造"出不同的蛋白质，因为这些氨基酸排列时还有一个秘籍——氢键。键在古语中也有"锁"的意思，所谓的"氢键"，顾名思义，便是氢原子构成的锁链。

原子是物质世界的基本单元，但它们到底是怎么构成如此之多物质的呢？为了描述微观世界中原子连接的方式，科学家创造出"化学键"的概念。以人类现有的认识水平，没有办法彻底弄清楚化学键的本质究竟是什么，它或许就是原子之间的作用力，但是很可能又不只是作用力那么简单（事实上，诺贝尔化学奖获得者鲍林有一部著名的作品《化学键的本质》，划时代地揭示出化学键就是电磁作用力，但是有关化学键的计算依然相当复杂）。就像你知道的，你的爸爸妈妈是一对恩爱的夫妻，可是我们却无法真正去理解"夫妻"的本质关系。法律上，夫妻关系固然只是一纸结婚证就能定义的关系，可实际上却远非如此，因为在你和他们的交流中，明显可以感受到更多的亲情。

不管怎么样，"化学键"至少是个很形象的模型，它像锁链一般勾连了各种原子，让它们以特定的方式紧密地连接在一起。氨基酸串联成蛋白质，也是因为氨基酸的分子之间形成了化学键。

在氨基酸中，大量的氢原子连接在氮原子上，构成氨基酸中的"氨基"。这是个异常失衡的关系，氮原子实在过于强势，它几乎彻底夺走了氢原子中的电子。

于是，在小小的氨基之中，氢原子只能表现出很强的正电性。

当很多氨基酸连接成蛋白质时，不平衡的量变终于激起了质变。

构成氨基酸中"酸"的那一部分，在化学上被称为羧基。当氨基酸组合的时候，羧基和氨基便会首尾相接，形成强力的肽键——这当然也是一种化学键。

比起单纯的氨基来说，肽键的结构更加失衡。氧原子比氮原子更强势，它争夺整个体系中的电子，自身显露出很强的负电性，徒留失去电子的氢原子展现正电性。

蛋白质中有很多个这样的肽键，它们也都是同样的结构，一端是正电的氢原子，一端是负电的氧原子。于是，一场单纯的物理学"恋爱"启动了：一个肽键中的氢原子会与另一个肽键中的氧原子互相吸引，直到两个肽键紧紧地结合在一起。这种现象，几乎只会在有氢原子存在的时候形成，不同的肽键因它"锁在"一起，故而被称为氢键。

肽键之间的互相结合，让氨基酸串联起来的蛋白质不可能以简单的长链状存在，它会因此旋转、扭曲甚至来个180°的反向折叠。所以，即使是同样顺序排列的蛋白质，也可能表现出各式各样的结构形式，这也在一定程度上加剧了蛋白质的复杂性。

不过，在你耳道中由蛋白质构成的鼓膜上，氢键还具有另一个关键的作用。

氢键的存在，加强了蛋白质内部的吸引力，也加强了不同蛋白质之间的吸引力。某种意义上说，它就像胶水一样，让蛋白质分子团结在一起。

这个特性对你而言至关重要。传入你耳道中的声波，是由一群气体分子振动形成的。每一个分子都像是微小得看不见的鼓槌一样，重重地敲在鼓膜之上。你的鼓膜也会因它们的敲击而振动。如果你的鼓膜不够强韧，那么这一次又一次敲击带来的巨大压力，鼓膜就有可能因为承受不住而破裂。

氢键的存在，让蛋白质拥有极高的强度和韧性。于是，那些蛋白质构成的兽皮，可以作为鼓面经受猛烈的敲打。至于耳道中的鼓膜，虽然只是薄薄的一层，却也不是那么脆弱，能够在你平时的生活中保持完好。

当然，若是遭遇险恶的环境，这层鼓膜也可能被破坏。或许有一天，你只是打个喷嚏，颅内突如其来的压力就会把鼓膜顶破；又或许，你去游个泳，跃入泳池的瞬间，水会将鼓膜压破；哪怕只是坐一趟飞机，起飞降落时机舱内的压强变化，也会让鼓膜变得很不舒适。这不能责怪鼓膜的品质，毕竟它的功能只是为了听取正常音量的声音罢了，经不起这样的外力折腾。实际上，就算是音量过大，比如声音达到130dB以上（相当于站在跑道边听着飞机起飞），也有可能造成鼓膜的损伤。

所幸的是，你的身体对此早有准备。人类的鼓膜就和皮肤一样，在受到轻微伤后，还是可以恢复的。只要注意别让伤口感染，即便是有点破洞，鼓膜也会在一两个月内重新生长出来。

总之，鼓膜是一层结构巧妙的薄膜，可以感受到很轻微的振动，让你得以捕捉声音的微小变化。不过，在你的身体里，能够精确振动的部位，并不只有鼓膜。

4. 声带的主体也是蛋白质

电视机里动画片还在播放，窗外黄鹂的啼叫依然动听，而你也在慢慢长大，日复一日听着这些有趣的声音。你在努力地模仿着这些形形色色的声音，控制着自己身上的某个部位。

你此时大概还不知道自己到底该怎么发声，所以你的声音显得很随意：也许是突然大笑，也许只是发出什么怪声。不过，你只要伸出指头，按在自己的脖颈上，便可以知晓发声时身体的变化。

你喉咙处的声带在振动。你呼吸的气体分子经过声带时，可以让声带振动起来，就像耳道中的空气分子敲击鼓膜一样。振动起来的声带形成属于你的独特声波，又催动了周围的空气，让你的声音传播开来。

这个过程或许有些抽象，但你可以找一张纸条来模拟这个过程：把纸条贴在自己的嘴唇上，然后使劲吹气。你会发现，纸条会随着气流飘动。等到你控制好吹气节奏、嘴唇张开的程度及气流的速度之后，纸条便会像波浪一样起伏，还会发出尖锐的声音。

此时的纸条，已不再是一张普通的纸，它似乎更像是一种乐器。类似的现象，古人早已注意到，也许在他们手中的"纸条"不过是张树叶。后来，人类步入青铜时代，就有了金属制成的"纸条"。闲暇时分，那时的音乐家们大概也会将它们吹响。在中国，这种金属片被称为"簧"，它曾是一种独立的古老乐器，后来又被装入诸如笙、唢呐这样的吹奏乐器中，沿用至今。

　　这簧片，其实就和声带的发声原理一样。古人云"巧舌如簧"，这个比喻并不恰当。你发声时依赖的"簧片"实则是你的声带。唯一的区别在于，声带是你身体的一部分。你可以想办法控制声带，而不是任由它像纸张或簧片那样随气流摆动。

　　在唢呐这样的乐器中，为了控制声音的音调，其管道上被有序地凿开了一些孔。演奏的时候，按住不同的孔，管中流动的空气的量会有区别，形成的共鸣也会不一样。但是对你来说，要想让自己的声音富于变化，显然不能采取同样的手段。于是，控制你自己的声带调节声音，就显得非常必要了。

高声部　低声部

▶ 声带

变化中的声带，就不只是像簧片了，而是更像弦乐器上的琴弦。

若是你去弹奏一把二胡，就会发现它的变化奥秘——借助于一只手按住弦的上方，就可以调节琴弦振动部分的长度，这样一来，琴弦的音调就会发生变化。手举得越高，振动的部分放得越长，琴声就会越低沉。不仅如此，琴的声音有时候会出现异常。有经验的琴师会调节琴弦上的旋钮，琴弦则会紧绷或松弛，音调也随之而变。琴弦拽得越紧，琴声就会越高亢；反之，琴声则更低沉。

声带也可以实现类似的变形，只是变化更为多端。

你的声带实际上有两片，它们就像是喉咙的两扇门。这扇门也被称为"声门"。当你正常呼吸的时候，声门会保持敞开，宽度大约在13mm，气体便可以非常顺利地通过。此时，你只会听到轻微的气流声。如果你需要深呼吸，那么声门也会开启得更宽一些，容纳更多的气体通过。而当你需要发出声响时，声门便会关闭，只留下两3mm宽的小缝供气体通过。此时，被压缩的气体会因此产生更高的压强，气流的速度也会加快，由此形成冲击力便会让声带振动。

这一开一关，动作固然很简单，但它却是在狭小的喉部完成的，而且还不能出错，否则便会影响呼吸。得益于现代仪器的观察技术，对于这个过程，人类如今已经略知皮毛。声门的控制，至少需要三块肌肉才能完成，其中一块主管声门的开启动作，两块主管声门的关闭动作。除此以外，还有一对被称为环甲肌的肌肉，就像调节琴弦的螺栓那样，可以拉长声带，使声带变得更紧，从而提高声音频率。而声带的主体也是一块肌肉。这块肌肉通常被叫作声带肌。它既可以在其他肌肉的调动之下产生开合或者拉伸的作用，自身也可以收缩或舒张。可以说，声门就是由一块块肌肉精确控制的二胡，它可以自行调节琴弦的松紧与长短，控制气流，发出各式各样的声音。

所有的肌肉都是由蛋白质构成的，声带上的肌群也不例外。没错，又是蛋白质，承担着这些细致入微的工作。

你或许不知道，汉语"丝竹"中的"丝"之所以被用来指代弦乐器，就是因为早期的琴弦真的是用蚕丝制作的，这一技法流传到现在仍然没有消失，而蚕丝的主要成分，恰恰也是蛋白质。

从这个意义上说，你的喉咙还真的像是一支管弦乐队，呼吸的气体和蛋白质构成的声带交织在一起，声音便由此产生。而你的耳朵，正如前面所说，就像是一位打击乐手，一直在给你指挥节奏。于是你就在鼓膜的指引之下，笨拙地指挥着你的管弦乐队去模仿这些声音。尽管你此时还不是一位优秀的演奏家，但是你的爸爸妈妈已经感到心满意足了。

5.快速成长

当你开始逐渐能够分辨更多的声音，也能够发出更多的声音之后，你的人生也开启了成长的快车道。从此以后，你会捕捉爸爸在你睡前讲故事的情绪，也会更准确地告诉妈妈你是饿了还是需要换尿布。正是因为有了这样的听觉与语言的交流，你开始和其他动物产生本质区别——你开始尝试去构建属于自己的世界观。

没有人知道你思考的第一个问题是什么，包括你自己。或许你会去想，为什么你和这个世界交流的基础，会是这些蛋白质，它们又是被什么驱动的？每一个婴儿都是天生的科学家，都会充满一些奇奇怪怪的问题。

不过，在真正成长之前，你还需要学会另一件重要的事——走路。

第六章

蹒跚：移动的化学反应

1.探索更远的世界

这是你的一周岁生日。你的父母早就准备好丰盛的生日宴，还请来亲朋好友，陪你玩"抓周"的游戏。这本是有点迷信色彩的古代仪式，那时的父母会在孩子一周岁时准备各种物品，如金元宝、文房用具、讨饭碗等。孩子抓到什么，就预示着这一辈子的命运。《红楼梦》里贾宝玉在抓周时，抓的竟是胭脂，于是他的人生便总是绕着情色打转。

但你的父母显然对这些谶纬之学不感兴趣，他们只是希望你健康快乐的成长，摆出琳琅满目的礼品盒。你趴在地垫上，漫无目标地爬向一个个礼品盒。你爬行的拙态，并不像是父母口中的"小精灵"，倒有点像是海滩上被太阳晒得晕头转向的海龟。

你的妈妈有些焦虑，因为她想起在医院里和她一同分娩的妈妈，前不久跟她说，孩子已经学会走路了！

"咱家孩子啥时候也能会走路呢？"你的妈妈不禁叹了一句。

尽管你现在还听不懂每句话的意思，但是这一次，你却好像明白了什么。如果你能够学会走路，便可以探索更大的世界。于是，你试着站了起来，摇摇晃晃。满屋子的好友都在用鼓励的眼神看着你，期待你能勇敢地迈出自己的第一步。然而，奇迹并没有发生，你只站起来几秒钟，就摔到了地垫上。

蹒跚，居然如此艰难？对此，你有些不敢相信。

然而这并不意外，哪怕是走路这样一个简单的动作，也需要很多化学基础。只不过走路太过寻常，我们不会注意到——等到有一天需要注意的时候，却可能为时已晚。

2.耳朵里的平衡器

让你能够顺利走路的首要秘籍，并不是你的双腿，而是你的耳朵。

就像你现在已经知道的，传输到耳蜗里的声音，本是不停振动的空气。耳朵的听觉，其实是你身体对机械力的响应。所以，你可以想象，耳朵的结构对机械力有着超强的感知能力，这个能力在你行走时也可以发挥作用。

你勇敢地站了起来，虽然颤颤巍巍，但至少没有立刻摔下去。你的身躯不停地晃动，由此带来了不同维度的加速度。

十几年后，你会在物理课上重新听到"加速度"这个物理量。加速度可用于计算星球运转的轨道，因为它是主宰宇宙运转规律的参数之一。但是在此时，你不用想得那么复杂，只需要知道，加速度代表的是你的运动状态发生了变化。比方说，当你笔挺地站好以后，身子却突然向右歪了一下，也就是你的身体状态在左右这个维度发生了改变，那么你就在左右的维度上获得了一个加速度。同样的道理，当你向前倾倒，是在前后维度获得了加速度；要是蹲了下去，便是在上下维度上获得了加速度。

17世纪时，大科学家牛顿提出了他对加速度的理解，揭示出著名的牛顿第二定律（注：牛顿第二定律的公式为$F=ma$，其中F代表作用力，m代表质量，a代表加速度。这个公式说明，物体所受的力，是自身质量与加速度的乘积）。当然，这也是十几年后你需要学习的物理知识，简单来说，就是加速度和作用力之间具有正比关系。当你的身体向右倾倒时，你产生了向右的加速度，那么必然同时受到一股向右的力，而且倾倒得越快，就说明力量越大。

你也许会纳闷，并没有人推你，力从何来？毫无疑问，这正是你还不能精准控制身体的真实写照，这股让你东倒西歪的作用力实则来源于你自己，还有地球。你不断地调整自己的姿势，试图在你和地球之间达成平衡。

任何处于地面附近的物体，都好像受到一股向下拽的作用力，也就是重力。重力的方向大致指向地球的中心，这也是牛顿发现的规律。传说他曾在苹果树下思考这些问题。刚好有一个成熟的苹果掉落，砸到他的脑袋，令他茅塞顿开。

所有的生物体都需要在生命里利用重力或是克服重力，就像一棵树那样，总是顺着重力的方向生根，逆着重力的方向长芽。如果没有重力，没人知道人类会长成什么模样，但是显而易见的是，当人类在重力微弱的太空中生活几个月，身体就会出现强烈的变化。

此时，你已经站了起来，晃动着身躯对抗重力，你的每个部位都会感受到一股力量，脑袋跟着一起晃动，耳朵也不能例外。相比之下，这股作用力比空气振动带来的冲击要真实得多。空气振动只会在一定频率上带动鼓膜共振，你并不会因此而移动；但是身体晃动带来的冲击力，可以让整个耳朵都跟着身体移动，由此你便感受到加速度的存在。

既然空气振动产生的声音你不难听到，那么你的耳朵必然也可以敏锐地察觉到你正在晃动的身体。只是它还需要有一个"系统"，把你晃动的方向与幅度，转化为大脑能够理解的信号。

在漫长的生命演化之后，人耳形成两个囊形结构，其中充满了淋巴液，表面还有一层膜，膜上分布着不少碳酸钙晶体——从成分上看就是一颗颗细小的大理石。一些蛋白质附着在这些微型的"大理石"上，形成"耳石"。"耳石"就是传递重力变化信息的源头。

你可以想象，如果在静止的手掌心放上一颗石头，你自然可以感觉到石头的重力。当你抬起手掌时，石头似乎会变重。当你放下手掌时，石头又变轻了。这两种现象也分别被形象地叫作"超重"与"失重"。虽然石头还是那个石头，但是运动带来的加速度，让你感受到的重力出现了变化。不仅是上下方向的运动，当你的手掌在水平方向运动时，你也一样会感受到石头似乎施加了相反方向的作用力。

耳石和它所附着的耳石膜，就是通过这种形式，让你感知重力的存在。通过重力的变化，你能够知道自己正在向哪个方向移动。

但是对于一个即将迈出坚定步伐的婴儿来说，这远远不够，因为就在你完成第一次转身时，你就不由自主地摔倒了。

或许你在用奶瓶喝奶的时候也曾注意过：旋转瓶子，奶瓶里的泡沫有时并不会跟着一起旋转。漂浮在淋巴液中的耳石并不能有效地感知旋转。这让你有些步履维艰。

好在你的耳朵很精巧地借鉴了水平尺。

如今在一些手工艺人的工作台上，水平尺还可以被看到，它的主体是一根棱角分明的长方体木棒，但是核心零件却是在木棒中央的一根玻璃水管。这个玻璃水管也就和你现在的指头差不多粗，两端封闭，里面装了一些有颜色的液体，只留下一个小气泡。

当这根木棒被放到水平面的时候，玻璃管也处于水平的状态，这样气泡就会处于水管的中央。要是把这根木棒竖起来，玻璃管自然也会跟着竖起来，于是液体下沉，气泡便会向上浮。实际上，即便只是稍稍偏离水平面，让水平尺的一端高于另外一端，液体也会朝着向下的那端流动，但是在视觉上，反倒是气泡朝着更高的那一端移动。所以，通过气泡的变化水平尺可以回答"一个平面是不是足够平"的问题。

水平尺的原理，是基于地球上垂直维度存在的重力加速度，所以它并没有摆脱重力的拘囿。可以流动的液体似乎比石头更富表现精神，它们灵敏地感受着加速度的变化，演绎出"水往低处流"的道理。不过，即使只是握着水平尺在水平方向轻微地晃动，气泡也会准确地反映出你的节奏。

在你的耳朵里，也有三个类似于水平尺水管的装置，只不过它们都是半圆环的形状，被称为半规管。这三个半规管位于鼓膜和球囊之间，彼此垂直，里面也充满了淋巴液。

不难明白，如果把水平尺的玻璃管卷成一个环，那它也可以探测出旋转时的加速度。半规管正是借用了这样的原理。三根半规管，正好能够覆盖三个不同的空间维度。这样一来，无论你怎样翻滚自己的身体，大脑始终能判断你的实际动态。

球囊、椭圆囊，还有这三个半规管，它们就构成了你的前庭器官，主管你对空间的感知。发达的前庭器官是人类赖以生存的法宝。你学习直立走路，也会刺激它们更好地发育。有它们的帮助，你在乘坐汽车、轮船、飞机的时候就不那么容易眩晕，或者当你跳交谊舞的时候，可以轻松地转上几圈不至于摔倒。

前庭系统偶尔也会出现一些失误。比方说，耳石也许会从它

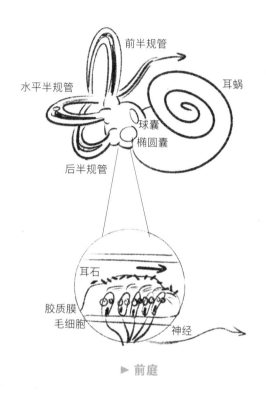

前半规管

水平半规管

耳蜗

球囊
椭圆囊

后半规管

耳石

胶质膜
毛细胞

神经

▶ 前庭

附着的膜上脱落，来到半规管中，刺激这里的细胞，让大脑出现误判。对于老年人以及那些颅脑受过冲击的人，这种情况不算太罕见。耳石的横冲直撞，导致不幸患上"耳石症"的人，经常感到天旋地转。曾几何时，这是令无数医师都束手无策的疾病，但是当人们搞清楚其中的原委之后，却只需要调整脑袋的姿势让耳石复位，就可以摆脱头晕的困扰。

总之，待你重新爬起来之后，你需要更熟练地运用你的前庭系统。然而现在摆在你面前的问题，却是如何才能顺利地爬起来。

3.甩开扶手

看着你迟迟站不起来，心急的母亲很想把你抱到学步车上，却被你的父亲拦住了。"让她再试试……"你的父亲喃喃道。

这辆学步车已经陪着你有一阵子了，它可以支撑着你，在你还没能自行平衡的时候不至于摔倒。

眼下，你只有试着依靠自己，但你挣扎了半天，却还是只能在地上盘桓。因为刚刚对你抱有过高信心，你的父亲有些尴尬，只好在你母亲的注视下，将你扶了起来，用一只手托着你的胳膊，不让你摔倒。而你也很聪明，胳膊顺势滑落，用手紧紧抓住父亲的手指。于是，你稳稳地站住了，失落的愁容立刻换成了灿烂的微笑。

父亲的手指很粗壮，尽管你只抓住了其中一支，却也能给你带来稳稳的安全感。

这是触觉——一种能够感知机械力的感觉——给你的独特体验。

对人类来说，行走这个动作，需要视觉、听觉和触觉共同发挥作用，这些感觉都可以让你熟悉身边的空间环境。但是很不幸，因为先天或后天的原因，有些人失明或失聪，这给行走带来了不小的麻烦。事实上，在人生里，你也不免会遇到摸黑走路的时候——在一个停电的夜晚，没有电梯和电灯，你自信地爬着楼梯，唯一依赖的就是楼梯的扶手。到那时，你也许就会感慨，触觉真是最可依赖的感觉，就像你现在握住父亲的手指一样。这种依赖，并不完全是来自情感，更多的是你的真实感受。触觉是一种全身性的感觉，它可以连接你身体上的每一个部位。

你不喜欢地板，因为它实在太硬了，让你柔弱的脚心承受过多的压力；你更抗拒玻璃，那是因为有一次，粗心的父亲为了方便给你穿衣服，把你抱上了有玻璃台板的桌子，冰冷的触觉让你像是踩在了钢针上一般刺痛；地毯会让你感到舒适，但偶尔也会因为静电让你感到有一点酥麻；最喜欢的还是爬行垫，那是你母亲精挑细选才找到的聚乙烯泡沫垫，柔软有弹性，安全无异味。总之，你的脚底板已经可以轻松地辨别出不同的材质，这都是触觉的作用。

这种触觉，甚至不需要你足底的皮肤亲自去体验。当你穿上袜子的时候，你可以感受到鞋底是软是硬；当你穿上靴子的时候，你可以感受到自己是不是踩到了一滩水。足底的触觉如斯，才能让你稳稳地迈步。

尽管如此，足底触觉并非人类的强项。比如：老虎的足底就有一层厚厚的肉垫，肉垫的触觉异常敏感，甚至可以由此感知正在远处奔跑的猎物。你也许在电视上看到过野外捕食的老虎，它们缓慢地迈着步子，爪子小心翼翼地落在树叶上，那正是它在用足底的触觉去获取信息。显然，你的足底不能完成这些艰巨的任务。

千百万年来，人类祖先的前足已经在树栖生活时发生了异化，并最终演化成了手臂。这两只手臂，虽不直接参与步行，但是手臂的前后摆动，却也是维持平衡不可或缺的手段。对于学步的你而言，手的触觉尤其重要。你会本能地抓住任何一种看上去安全的东西，就像抓住父亲的手指那样。在父亲的牵引下，你又迈出了一步。父亲就这样扶着你走路，这在过去一段时间里，已经是日常生活的一部分了。

实际上，你的父母还在有意识地训练你的手部功能，不断提升你对触觉的灵敏度。这对你来说尤为重要。

你用手指互相搓碾的时候，还会注意到指尖的指纹。每个人的指纹都不相同，就算是同一个人，每根手指上的指纹也大相径庭。但是，指纹也有它固执的一面——你所拥有的指纹图案会伴你一生，几乎不发生任何变化。所以，指纹就如同是身份证明，它可以用来签订契约，也可以作为刑事案件的破案证据。

在一些传统文化里，人们会认为，完美的指纹由一个个同心椭圆构成。不过，拥有这些完美指纹的指头只是少数，多数指纹都有破缺。或许正是因为这些破缺，才让每一个指纹变得独一无二。

指纹的作用不止于此。接近于椭圆的形态，可以让你的手指上分布着任意方向的纹路。俗话说，横垄地里拉车，一步一个坎。当你用手指在物体表面滑动的时候，不管是往哪个方向移动，物体都会遇到与运动方向垂直的指纹，这不就是横垄地里拉车吗？正是因为有了这"一步一个坎"，你才能更灵敏地体会到这种物品表面的特性。

这实在有些离奇，但谜底藏在你指尖的表皮内部。这里分布了很多环层小体，它们是一些直径大约1mm的小球，对于轻微的振动极其敏感。小球的结构好似洋葱，最外围包裹着一层结缔组织，然后有一层层的薄膜，每一层之间都有胶状的成分黏接，环层小体也因此而得名。剥开这一层层薄膜，最内核的位置就是神经末梢了，它们就好比是信号兵，任何风吹草动都会汇报给大脑。当你的指纹在物品表面摩擦时，每一道"坎"都被撩拨，这些信号便形成触觉信号，最终被大脑所接收并理解。

手脚只是你触觉系统中最关键的部位，也是触觉细胞最为集中的位置，但事实上，你的周身都有触觉感官。你皮肤的每一个角落，都能感受到抚摸。为了提升触觉的灵敏度，你的皮肤也演化出很多精巧的组织。哪怕只是一根不起眼的毫毛，也是让你体会清风拂面的利器。

由于触觉器官分布的广泛性，人们对触觉系统的运转机制的掌握程度远不及视觉和听觉系统。环层小体可以感受振动。除此之外，你还有麦斯纳小体、鲁菲尼小体、梅克尔神经末梢等一系列感受机械力的组织，至于那些未曾被探索的，或许还有更多。不过这并不影响你对触觉的实际应用，本能和父母的悉心指导，让你深谙此道。

无论你是抓着父亲的手指，还是扶着学步车的栏杆，对你来说，都是在用触觉去感受空间位置，感受各种物品的质地。你会适时地根据触觉的变化，调整自己的身体。当你感到自己快要摔倒时，你会更用力地握住父亲的手指。当你感到自己走得很稳时，你就只会虚握，直到你终于勇敢地——松开了手指。

是的，你终于甩开了自己的"扶手"。

你迈开腿，然后又摔倒在地。参加你周岁宴会的众人，或惋惜，或鼓励，这更让你坚定了信心。

4.骨骼的支撑

在你又一次被扶起来之后，你可能已然了解不能行走的问题出在哪里。

骨骼限制了你的发挥。

若是不仔细看，很多人都会把骨骼当作是某种石头。对于石器时代的古人来说，这或许还有着现实意义。他们把兽骨收集起来，制作成骨箭、骨矛，似乎也能和石器相媲美。

这并非古人的错。羟磷灰石是构成骨骼的关键成分之一，的确是自然条件下就会形成的一种矿石。这种矿石，以钙元素为核心，"招揽"了一些磷酸根离子与氢氧根离子，搭建出强硬的化学结构。兽骨经过风化和细菌的分解以后，只剩下羟磷灰石，说它是石头也算贴切。

但是如果将这些骨骼剖开，就会看到它不寻常的一面。骨骼的内部并不致密，其间还分布了数不清的小孔，总体看起来像是未能完工的"毛坯建筑"。不难猜到，这些小孔并非天然如此，原本的"住客"因为风化而消失了。

小孔中原来的"住客"是胶原蛋白，一种很特别的蛋白质。

在身体中，胶原蛋白的分布部位非常广，绝大多数结缔组织都是它的杰作，环层小体中那层具有保护作用的结缔组织也不例外。实际上，在人体内的蛋白质中，有近三分之一都是胶原蛋白，它们肩负的任务非常多样，比如细胞之间的相互黏连。多年以后，你钟爱的化妆品里也会出现它的身影，只因它在年轻皮肤中的比例更高，很多人都认为将它涂在脸上就可以留住弹性卓绝的青春面庞，至于实际效果，并没有多少证据能证明。

在骨骼里，胶原蛋白填充在羟磷灰石构成的网络之间，共同形成骨骼中超过95%的部分。在这其中，胶原蛋白的重量虽然只有羟磷灰石的一半，但作用丝毫不亚于羟磷灰石，是它让骨骼变得更加柔韧。

你已经领略到重力带来的压力。随着你体重的增加，这些压力还会不断提升。幸好，和很多钙质的石头一样，羟磷灰石也具有很高的强度，能够撑起这一切。实际上，恐龙近100t的身躯，也是靠着羟磷灰石的骨架支撑起来。

但是，正所谓刚而易折，羟磷灰石也有它脆弱的一面。纯粹的羟磷灰石变形幅度很小，它们就像玻璃那样，虽然很硬，但容易被折断，而且折断之后也不容易修复。

胶原蛋白是一种有机高分子，它外形柔软，却又坚韧无比，一根直径1mm的胶原蛋白细丝，可以提起大约40kg的重物。在骨骼中，胶原蛋白呈现纤维状结构，羟磷灰石的细小结晶就整齐地排列在纤维长轴上，形成一种复合材料。

你或许还不知道"复合材料"意味着什么，但古人却早已利用了这个原理。我们引以为傲的万里长城，并不都是用砖石垒砌的。在那些缺少石块的草原上，建筑师们采取了因地制宜的办法。他们将土块用水泡软后，编入一些草秸秆。当土块重新被晒干以后，草

▶ 骨骼胶原蛋白

秸秆就像是骨骼中的胶原蛋白，稳住城墙的结构，不让它轻易地从中间裂开。

所以，羟磷灰石与胶原蛋白打造的复合结构，让你的骨骼可以在遭遇一般冲击的时候，仍然保持完整。即便不幸遭遇了骨折，胶原蛋白也像蓄水池一般，更有效地提供骨骼生长所需的各种成分，也包括羟磷灰石结晶需要的钙质，以便更快地实现修复。

当然，在骨骼修复的过程中，骨骼表面的胶原蛋白也功不可没。在这里，还有一层被称为骨膜的物质，将骨骼牢牢覆盖。骨膜的主要功能倒不是保护骨骼，而是利用胶原蛋白自身的黏性，让一些被称为"干细胞"的特殊细胞紧密地附着在骨骼上。干细胞就是那些能够分化出各类不同细胞的"祖先"。这对现在的你来说，似乎还略有一些深奥。总之，有了干细胞，当你的骨骼受损后，它们就会分化出不同的骨骼细胞，帮助受损的骨骼尽快地恢复正常。

有些骨骼具有中空结构，在这里还分布着一种重要的组织——骨髓。除了水，骨髓中只有蛋白质和脂肪这两类主要成分，其中脂肪的含量超过一半。

对任何脊椎动物来说，骨髓都有着特殊的意义。

它和骨膜一样，富含干细胞，可以分化出不同的细胞。骨髓分化的细胞不只是骨骼生长所需的细胞，更有造血干细胞。造血干细胞能够为你提供血液里的血红细胞。对于那些不幸患有白血病的人来说，如果能够移植匹配的骨髓干细胞，或许就能挽回生命了。

不止于此，骨髓也是身体里的"信号线"，和大脑一样，属于中枢神经系统的一部分。你手脚的触觉，正是通过骨髓里的神经传递到大脑。一旦骨髓神经受损，信号线被切断，导致的后果很可能就是瘫痪。

人体共有206根骨骼，你在出生的时候就已经全部拥有。但是，因为你还需要生长发育，所以这些骨骼远没有定型：旧的结构不断地被代谢，新的结构又不断产生，这样你才能越长越大。所以，此时的你只是拥有数量健全的骨骼，骨骼的功能却远没有达到让你随心所欲的地步。

更何况，一套运转正常的骨骼，还需要复杂的关节、肌腱和神经。就像门窗的开关需要靠铰链来实现，关节也是骨骼的铰链，它可以让骨骼之间的角度发生变化，做出不同的动作。你也许见过提线木偶，骨骼与关节构成的系统，就和这木偶差不多。带动不同骨骼运动的提线，就是和运动相关的各种肌腱。至于发号施令，则是神经系统的工作了。

对你来说，不只是骨骼的发育还不够健全，就连骨骼的这些配套组织，也还在发育之中。于是，你并不能准确地控制你的动作，你的腿迈出的方向，似乎总是和你的设想还相差了一点点。

但，也只是一点点。

你的父亲还在扶着你，你也扶着他。他的眼神让你感到一阵温暖，你突然有了一种奇怪的感受，再一次甩开了他的手。

5.一小步，也是一大步

成功了。

你迈出了人生的第一步，并没有摔倒。宾客们惊讶地瞪着双眼，屏住呼吸，不敢发出声音。你的父亲就蹲在你的身边，随时准备扶住你，而你的母亲在不远处弯着腰对你张开了双臂。

本能告诉你，需要换另外一条腿迈向前方。你已经记住诀窍，再一次向前迈去。重心前倾，让你有种向前栽倒的感觉，耳石和半规管把现在的处境通知给了你。足底感受的摩擦力则向你汇报了另一个情况，告诉你能够控制局面。于是，你的手臂自然地向前挥去，形成一股向后的反作用力，也让你的身体重新平衡。你的动作如此行云流水，似有一种武林宗师的风范，至少在你的父母眼里，就是如此。

你笑了，充满了自信与骄傲。在一周岁的这一天，你实现了一个可喜的目标，这是你人生的一大步。脚下的路，不再是神秘的未知世界，你已经能够亲自去丈量。于是你定了定神，迈开脚步走向母亲的怀抱。

品味：甜蜜的诱惑

第七章

1. 远去的母乳

在你出生后大约六个月，你的母亲就已经用母乳之外的一些辅食喂养你。对你的成长来说，这是至关重要的选择，你最终需要通过学会独立进食，获得更健康的身体。

一周岁时，你学会了自己行走，每天摇摇晃晃地散步，让你的消耗大大增加，食量也大了起来。你的母亲意识到，断奶大概是一件必须要提上日程的事务了。

你知道，自己已经不是刚出生的小孩子了，应该要变得更懂事。母乳中固然还有一些难以替代的营养成分，但是如果迟迟不断奶，母亲的身体就需要额外花费不少精力去分泌乳汁，对此，你于心不忍。

更关键的是，每天的步行，不只是让你变得憧憬远方，也开始憧憬起远方的美食。昨天傍晚，父亲曾带你路过一家炸鸡店，那香味让你不由自主流下口水，可你还不能把你的想法告诉父亲；几天前，母亲陪着你逛商场，第一次品尝了咖啡的味道，苦得你直吐舌头，但是回味起来好像还想再喝；对了，还有奶奶前些天从老家带来的橘子，酸酸甜甜，你一边吃，一边流着鼻涕和眼泪，可就是停不下来。

究竟还有多少美味等着你去探索？每当你醒来之后想起这个问题，对断奶之后会发生什么事，似乎就没有那么多担忧了。

2.甜蜜的诱惑

不得不说，在所有的食物里，你最喜欢的还是甜食。不管是蜂蜜蛋糕，还是水蜜桃汁，你都是来者不拒。

这说明，对于美味的欣赏，你并非另类。几乎所有人都是先从甜味开始识别食物的不同风味，这由人类这种生物的本能所致。

当人类的祖先尚未和猿猴分道扬镳，还在树上觅食的时候，丰富多彩的水果不只赋予他们更敏锐的颜色判断能力，也为他们训练出更敏感的甜味识别器。

在品味母乳的时候，你已经知道，对几乎所有生物而言，糖分都是能量的载体。

水果在成熟的过程中，糖分会逐渐沉淀下来。植物采取这样的策略有很多好处：一方面，糖分可以供种子发芽的时候吸收利用；另一方面，糖分也是昆虫和鸟类趋之若鹜的食物，它们利用超强的色彩辨识能力，从很远的地方就能发现这些美食。在吞下水果之后，它们又可以顺便带走种子帮助这些植物到更远处繁衍。

当灵长目动物历经沧桑，重新获得第三种视蛋白后，食谱也发生了重大转变，水果逐渐成了主食。这种饮食系统也反过来影响了灵长目动物的发育和演化。更喜好甜食的个体，会在成长过程中更容易发育，也更容易把"喜欢甜食"的习惯作为生理与精神的双重遗产传给后代。时至今日，灵长目生物对甜食的喜好，远远高于其他一些哺乳动物——事实上，猫科动物根本感受不到甜味。因此，有些老虎虽然也会很开心地啃着冰镇西瓜，但是对它们来说，那不过就是不会流动的冰水，除了解渴，并没有太多美味可言。

所以，不用怀疑，你属于这个星球上最懂得怎么吃水果的物种之一。几百万年来，就是这些高糖的植物供养了人类的祖先。不过，这也是一次成功的"双赢"选择，因为被灵长目动物看中的水果，也迎来了繁荣时代。灵长目动物拥有更为庞大的体格与灵活的双手，可以采摘更大的水果。越是被灵长目动物喜欢的水果，它们的种子传播的概率也就越高。灵长目动物开始迁徙的时候，更是带着这些水果的种子一同迁徙。这些水果种子在数千年前乃至数万年前，就得以跨过沙漠和海洋，扩散到其他适合生长的地方。

此时，听着这些远古的故事，你似乎有些不感兴趣，眼光却被桌子上一盘晶莹剔透的樱桃所吸引。你的母亲发现你的需求，小心翼翼地劈开樱桃，挖掉里面的樱桃核，然后再喂给你。你还太小。这些樱桃核你没办法自行吐掉，它们对你来说很不安全，万一卡在喉咙里，可能会让你窒息。幸运的话，这些樱桃核也会找到一片新的土壤发芽。

品尝了几颗樱桃之后，你又来了精神，想接着听这甜味的传奇。

那就不妨说得宏大一些：在人类的历史上，寻找水果以外的甜食，也是一项不朽的工程。

水果虽好，但是除了在热带，地球上其他地区都有明显的寒热季节变迁，植物的生长周期决定了水果不可能时时都有。大约三百万年前，早期的类人猿从树上跳下，开始在热带非洲大地上寻找更广阔的栖息地，并逐渐登陆其他大洲，随时可以吃到水果的好日子也就到头了。

有一种说法认为，正是因为没法继续依赖随时可以采获的果实，才让人类有了生存压力，并为此去开发各种食物采集与保鲜的技术，从而催生了早期文明。这种观点，大概也有一定的道理。

我们换个角度看待这个说法。人类发明的食物采集与保鲜技术推动了人类文明。正是保存食物的过程中，人类发现了甜味的另一个优势——防腐。

不难想象，甜味往往意味着具有丰富能量，这对很多生物来说都是不错的食物，细菌和真菌也不例外。如果水果在成熟的季节侥幸没有被动物食用，那么很快就会有一些细菌凑上前来享受盛宴。在这个过程中，水果会发生腐烂，变臭或变酸，无法被食用。

这让人类感到十分可惜，但也激起了保护胜利果实的斗志。很多古代的墓葬中，都不难看到葡萄干之类的果干或果脯。这些就是人类保护果实的一种办法。

水果在压干或风干以后，水分流失，而糖分的浓度上升。对于部分水果来说，在制成果干以后，糖分的浓度甚至可以超过80%。对细菌来说，这么高浓度的糖分，已经成了致命的诱惑。

果干能够防腐，奥秘就在于它的渗透压。多年以后，你或许还会对这个术语产生更深刻的认识。渗透压是让你的肾脏维持健康避免患上尿毒症的重要参数。此时此刻，我们还是接着说说那些甜蜜的事。

除了果干，从蜜蜂采集的蜂蜜，到麦芽酿制的饴糖，还有甘蔗榨出的蔗糖，人类多年以来还找到了更多甜味的来源。不过，这些甜味的食物，虽然有不同的来源，也是不同的制作工艺，可是甜味却大体相同。它们的成分，和水果里甜味的成分一样，都是蔗糖、果糖和葡萄糖。对于这几个名词，你肯定还记忆犹新。

也有一些食物的甜味不是来源于这些糖，比如在南美洲有一种叫甜叶菊的草本植物，它的叶子里含有一种甜菊糖苷，甜度居然是蔗糖的200倍。广西还有一种叫罗汉果的藤本植物，它的甜味来自一种叫罗汉果甜苷的成分，甜度更是蔗糖的300倍。只要把罗汉果泡在水里，就跟喝糖水一样甜。

19世纪末期，人类甚至掌握了从煤焦油里制造甜味的技术。当时有一位化学家，正在钻研怎样从煤焦油里提炼染料，因为做完了实验没有洗手就去吃牛排，意外发现了一种甜味超群的物质。这种物质的学名叫邻苯甲酰磺酰亚胺钠。正是因为它带有甜味，日后便有了"糖精钠"的盛名。糖精钠的甜度是蔗糖的250倍，但它与蔗糖、乳糖之类的分子结构，看不出任何相似之处。

在那之后，一个又一个操作大意的化学家，在他们实验失误的时候，从一些不相干的物质中，找出了诸如三氯蔗糖、安赛蜜、阿斯巴甜之类的甜味剂，它们都比蔗糖甜出很多倍。尽管如此，它们毕竟都不是糖，只是起到了糖的作用，所以也被称为代糖。在你的家里，父亲常喝的可乐，母亲常吃的无糖饼干，都可以看到代糖的身影。你也总是跃跃欲试，想品味代糖的甜，可母亲总是不肯。

你的母亲知道，虽然这些带有甜味的代糖，会给人带来和吃糖一样的愉悦感。可是，你的母亲并不确定，这些代糖是不是会给你带来代谢方面的负担。你的母亲做得很对，毕竟你还太小，身体发育还不健全。这些对成年人来说比较安全的代糖，对你来说，很可能并不是那么安全。

实际上，古人也曾被一些甜蜜诱惑，以为自己找到了糖的替代

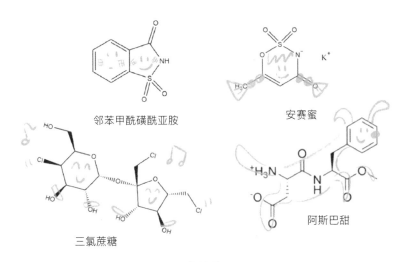

邻苯甲酰磺酰亚胺

安赛蜜

三氯蔗糖

阿斯巴甜

▶ 代糖分子

品。两千年前，罗马人发现用铅制的杯子喝葡萄酒，不仅没了那种酸涩味，反而多了一股甜味。这背后的原理，其实是一个并不复杂的化学反应。葡萄酒的品质不佳，多少会混有一些醋酸，口感也因此变差。用铅杯斟上葡萄酒，醋酸便会和铅发生反应，甜蜜的醋酸铅应运而生。对那时的罗马人来说，醋酸铅就是一种代糖，只是这代糖里，含有致命的铅元素。

如今的代糖，倒是已经通过了严苛的检测，但你的身体，实在是过于弱不禁风。或许只有再过几年，等你学会使用零花钱的时候，才能尝尝它们的味道了。

这样一说，你似乎有些失望，却又有些好奇。除了甜味，食物究竟还有些什么味道呢？

3.舌头与鼻腔的共舞

是时候看看你的舌头了。

对此你有些抵触，因为在你出生后的一年多来，每次有人需要看你舌头的时候，都是在医院里。那个地方你并不喜欢，更何况还要用一根压舌棒抵住舌根，你本能地发出干呕。

观察舌头的确是身体检查的一项，多年后你会对此表示理解。此刻，你只需要伸出舌头，在镜子里看看就好。

在舌头的表面，分布了很多小突起，在镜子里你不难看到它们。这些突起有个形象的称呼，叫作"舌乳头"。"舌乳头"就是你品尝味道的秘诀。舌乳头有四种不同的类型：分布在舌尖与两侧的，形状像蘑菇，叫菌状乳头；分布在后部的，形状像穹顶，它们是轮廓乳头；分布在舌后两翼的，形状像树叶，故而被称为叶状乳头；分布在舌体大部的，有如毛发一般，叫丝状乳头。

如果你还想进一步观察这些舌乳头，那镜子就不够了，只能在显微镜下进行。

通过观察发现，舌乳头的功能并不相同。分布最广的丝状乳头，体态纤细柔软，在与食物接触的时候会发生变形，所以它们可以帮你感受食物的硬度。实际上，与其说它们是味觉细胞，还不如说是触觉细胞。之所以吃饭的时候应该细嚼慢咽，也是为了让丝状乳头有时间全方位地判断食物的特性。未来当你决定挑战吃鱼的时候，也要靠这些丝状乳头去感知鱼肉里的鱼刺，保护你的喉咙不被伤害。

丝状乳头并不能品尝出味道，因此，品尝味道的工作要由剩下三种舌乳头完成。在这些舌乳头上，分布了多达数千个被称为"味蕾"的味觉感受器，它们的构造有如花蕾一般，故而得名。每一个味蕾，都由数十个味觉细胞组成。

你已经了解了视觉系统，知道这是人体对电磁波做出的反应；你也已经知晓了听觉系统，知道这是人体对机械波做出的反应。人体的味觉系统，原理与此类似。分布在舌头各部位的众多味觉细胞就是你识别味道的关键。味觉细胞的表面，含有一些可以对目标做出反应的蛋白质，它们在探测到目标后，就会把情况汇报给大

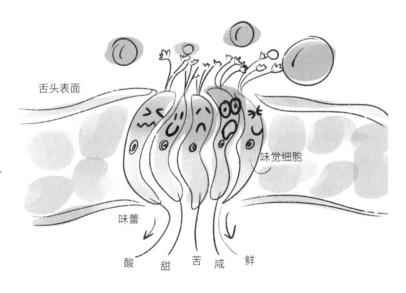

▶ 味蕾

脑。如果感受甜味的蛋白质受体有了响应，大脑接受到的信息便是甜味；如果感受苦味的蛋白质受体有了响应，大脑就会判断为苦味……这些能够探测到不同风味的蛋白质，就构成了复杂的味觉系统。只不过，和视觉及听觉相比，味觉系统感受的不再是物理参数，而是实实在在的化学物质。

每一种化学物质都有各自的秉性。这也让识别味道的蛋白质多少有些不知所措。世间的化学物质种类实在是太多了。

所以，再敏锐的味觉也不可能识别出食物中的每一种成分。一个味觉正常的人可以分辨出酸、甜、苦、咸、鲜这五种基本的味道。

当你吃下一口食物时，你的口腔或许需要同时处理数百种不同的成分，但是你只有五种基本味觉。对于食物中的大多数成分，你只能像猪八戒吃人参果一样，不解其味。但这也没什么要紧的，因为你判断食物是不是好吃，并不需要知道所有成分的味道。

每一种动物都有适合自己的味觉系统，一切只是为了寻找自己最爱的食物，同时避开那些有危险的食物。就像人类的祖先以水果为食，识别出甜味自然是必备功能；与此同时，识别出酸味，可以分辨出那些尚未成熟的果实；识别出苦味，有助于分辨出那些有毒的果实；鲜味有助于人类品味肉类，它同样会让人感到愉悦；至于咸味，它代表的是电解质。至于电解质对身体的重要性，你还会在今后的人生中继续体会。有此五味，你就足以依靠本能去应对生存所需的各种食物。

更何况，为了寻觅食物，你还拥有一个强大的秘密武器——嗅觉系统。

现在可以看看你的鼻子了。

还记得你出生后的第一件事吗？交错有致的呼吸是你会终生进行下去的工作，就连睡觉时都不会停歇。气体通过鼻腔进进出出。如果把你的身体当作一个国家，那么鼻腔毫无疑问就是你的"海关"。

就像检验检疫是海关的重要职能那样，判断空气中是不是夹杂着食物的风味或是死亡的气息，也是鼻腔的光荣使命，而你的嗅觉系统便是鼻腔中的检测机构。

在你的鼻腔顶部，也就是气道拐弯的位置，有一个被称为嗅上皮的部位，它们和舌乳头的作用一样，可以探测到进入鼻腔的各种物质。不同之处在于，嗅上皮还覆盖了一层厚厚的嗅黏膜。你知道，气体的密度要比液体小得多。空气中那些稀薄的成分，在你的鼻腔中迅速流动，你还是没法捕捉它们的气息。但是，厚厚的黏液会将一些成分捕获，让它们在此集结，这样你的嗅上皮就可以慢慢地识别它们到底是什么。正是有了这样精巧的结构，有些动物甚至可以闻到几十千米开外猎物的味道。

当然了，对你来说，食物的获取难度并不大，也不用躲避野外捕食者对你的搜捕，超级灵敏的嗅觉似乎有些多余。事实上，相比于强大的味觉系统，人类的嗅觉系统在哺乳动物中却只能用孱弱来形容，并且很多曾经具备的功能也都发生了退化。

在一些陆地脊椎动物的鼻腔中，还有一处被称为犁鼻器的部位，它专门用来感知各类信息素。通俗来说，犁鼻器可以感受到情感的味道。一只动物对另一只示爱时，会释放出各种信息素。对方会通过犁鼻器感受到这些信息素的气味，由此决定双方是不是要结为优俪。猫就有一副功能强大的犁鼻器，而且在牙齿后的上颚而非鼻腔，当你看到猫咧着嘴，脸上还挂着惊恐或享受的表情时，那它八成是在动用自己的犁鼻器。至于是动了什么情，也许只有它自己知道。

此时的你，鼻腔中倒是也有犁鼻器，在你还不能用语言表达自己情绪的时候，它或许能够帮你领会到亲人对你的感情。但是要不了多久，你的犁鼻器就会逐步失去功能，成为一段废弃的盲囊结构。的确，对人来说，谈情说爱早不是靠摩挲气味去进行。不过，也有人执意地认为，人类的犁鼻器并没有退化。他们认为，人体还会分泌信息素，既然保留信号的功能，就该还有接收的渠道。不是

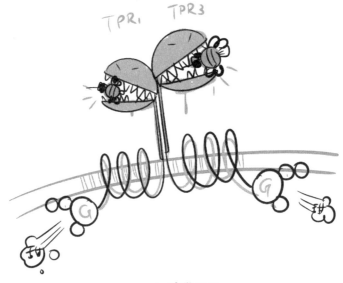

▶ 嗅觉TPR

情歌里还唱过"想念你白色袜子和你身上的味道"吗，这味道不是信息素还能是什么？或许只有等你长大以后，才能亲身体验犁鼻器是不是还能闻到爱情的气息了。

尽管你的嗅觉比起祖先来说已经严重退化，但是身为哺乳动物的一员，你的鼻子还是可以称得上是"超级鼻子"。2004年的诺贝尔生理或医学奖颁发给了两位气味学家，他们的研究成果，就是发现了人体中的基因，大约有1000种都和嗅觉有关——实际上，人类总共也就两万多个基因。

所以，你的嗅觉还是能够给你很大的帮助，让你能够识别出不同的气味。单纯从识别能力来说，嗅觉比味觉强大得多。你现在或许也和很多动物一样，会在吃东西之前，本能地先用鼻子闻一闻。在人生旅途中，你不免会遇到一些呼吸道方面的病症，鼻腔分泌黏液，嗅黏膜也会被暂时覆盖。这时候，你的嗅觉就会严重下降，再去吃东西的时候，也会感觉索然无味。你会明白，虽然味觉系统能让你尝到食物的味道，但是嗅觉系统并不是配角。舌头与鼻腔的共舞，才让你拥有品味食物的独门技巧。

4.G蛋白和它的小伙伴们

视觉、听觉、触觉、味觉、嗅觉。自此，你已经掌握了和这个世界产生联系的五种基本感觉。

将来你也会时不时说起"第六感"，那是你下意识的感觉，甚至能让你和几千里外发生的事之间产生感应。第六感究竟是什么，还没有生理方面的准确解释，科学也不能否认它的存在。但是前面这五种感觉，却有着深厚的物质基础。五感以化学的方式交汇相通。

勾连起这些感觉的，是一种叫G蛋白的蛋白质，全称叫鸟苷酸结合调节蛋白。对于哺乳动物来说，G蛋白掌管着各种信号的收发。它如此重要，以至于1994年的诺贝尔生理学或医学奖就奖励给了发现G蛋白的科学家。

G蛋白有三个部分，通过脂肪酸连接在细胞膜的内壁上，同时和鸟苷二磷酸（GDP）相结合。在接收到信号的时候，它所结合的鸟苷二磷酸会变成鸟苷三磷酸（GTP），这时候G蛋白的其中一部分就会脱离，去和一种叫腺苷酸环化酶的蛋白质结合，随后促使细胞内的三磷酸腺苷（ATP）转化为环腺苷酸（cAMP）。显然，你对这些种类繁多的化学物质名称感到陌生。然而，细胞内信息传递的真实过程比这还要复杂得多。至于最终的结果，简单来说就是细胞里面多了一些环腺苷酸。这种分子具有环状结构，比较奇特，所以能够被很多其他分子识别并传递信号。这就好比，送餐员穿着颜色醒目的制服，当你远远看到他们的时候，就知道可以开饭了。正因为环腺苷酸在传递信号方面的特异性，它也被称为"第二信使"——很快你也会知晓第一信使是谁。

形象来说，G蛋白如同一台功能强大的路由器，它可以发射信号，让室内的电脑、电视、手机全都收到信号。但是，再强大的路由器，也需要通过光猫、网线从外面获得网络信号。所以，G蛋白本领虽大，终究只是在细胞膜内壁。至于感知细胞膜外的各种信息，它还需要有一些帮手。

这些帮手也是蛋白质，它们有个统一的名称叫作"G蛋白偶联受体"（GPCR）。也就是说，它们能够和G蛋白偶联，同时还是一种受体蛋白。

之所以叫"受体"，是因为它们能够感受各种信号，包括电磁波信号、机械作用力信号及化学物质等。所以，一些视蛋白、听觉蛋白及主管味觉与嗅觉的蛋白质，其实都属于G蛋白偶联受体中的成员。这些受体蛋白都有个共同点，那就是属于跨膜蛋白。也就是说，跨膜蛋白一部分在细胞膜内，一部分在细胞膜外。更奇特的是，这些受体蛋白就像是一根缝合线，它们反复穿越细胞膜，前后共达7次之多。人们也常常根据这个特征去鉴定G蛋白偶联受体的成员。

到目前为止，已知的人类G蛋白偶联受体大约有800种，其中大约一半是嗅觉受体。可见，嗅觉系统的复杂性不言而喻。但是，其他类型的受体同样重要。缺少任何一种受体，都有可能给身体带来不可估量的后果。

正因为如此，寻找这些受体蛋白甚至将它们提纯，就成了很多科学家的研究课题。2012年的诺贝尔化学奖，就颁发给了在这个领域做出杰出贡献的科学家。

尽管如此，关于G蛋白的研究仍然处于初级阶段。受体蛋白究竟采用何种手段接收信号，这些信号又是怎样改变了G蛋白的状态，以及除了环腺苷酸以外，细胞内还有什么信号传输模式，这些问题都深深地吸引了研究人员的注意。

就拿人类最喜欢的甜味来说，也仍然有很多未解之谜。

感知甜味的细胞同时也能感知鲜味，有三种G蛋白偶联受体和这两种味觉有关。研究人员将它们称之为味觉受体第一家族，也就是T1R受体，并用T1R1、T1R2和T1R3依次标注这三种受体蛋白。当你吃到糖的时候，糖会和T1R2、T1R3同时结合，G蛋白便通过环腺苷酸传递甜味的信号；而当你吃到美味的肉时，氨基酸会和T1R1、T1R3同时结合，这样就可以释放出鲜味的信号。

这似乎不难理解。

葡萄糖也好，果糖也罢，抑或是乳糖和蔗糖，它们都是简单的碳水化合物，拥有非常相似的结构，甚至在人体内还能相互转化。所以，那些受体能感受到葡萄糖的甜，也就不难感到果糖的甜，只因这些受体可以和多种糖结合。但是，对于那些结构上毫无相似性的物质，大脑为何也能给出甜味的判定，甚至比那些普通的糖更甜，这就有些奇怪了。

很可惜，对于这个问题，你现在还得不到最准确的答案。比较有可能的原因，是T1R2与T1R3这两种受体蛋白也可以和其他一些物质结合，但是它们也分辨出，这些成分并不是糖。于是，在你的味蕾接触了甜蜜素、阿斯巴甜之类的代糖以后，G蛋白采取不同的"汇报途径"，向大脑打了个"小报告"，让大脑感受到了一股特别的甜味。

对于这个解释，你似乎还有些不太满意。但是这没什么，科学就是在不断发展的过程中，人类正在对自身展开越来越深入的探究。总有一天，这些秘密都会大白于天下。

5.美味不停

在你的一生中，味觉与嗅觉会不停地变化。因此你现在钟爱的味道，也许在几十年后会让你感到反胃，反之亦然。

但是，另一方面，你对某些味道的记忆，会让你永世难忘。你吃到的第一口辅食，可能是母亲煲的鸡蛋羹。蛋清与蛋黄均匀混合后形成的鹅黄色凝胶，在勺子的拨弄下发出轻微的咕咚声，挑动着你的食欲。你伸出柔弱的右手，抓住母亲的手指表达你的渴望，但她却轻轻地挣脱，生怕鸡蛋羹洒到你的手上将你烫坏。她耐心地吹着，待鸡蛋羹凉下来后，把它送到你的嘴里。那嫩滑的口感，油脂与些许醋夹杂在一起的特殊香气，还有各种氨基酸带来的鲜甜味，不断撩拨着你的鼻腔与味蕾。

将来，你还会一次又一次吃到这个美味。直到有一天，你会亲自复制这"妈妈的味道"。

是的，你终有一天会长大，自食其力。可是，和所有人一样，成长的过程却也是异常艰辛。

第八章

成长：跌跌撞撞的前行

1. 并不只是年龄的增长

在学会了品尝食物以后，你也开始了对人生的品味。

人生远比你的想象得更有意思。对你来说，每一天都是一个新的开始。你的母亲似乎也看出了这一点，每天抱起你的第一件事，就是寻找你身上是否又发生了什么变化。

"老公，孩子已经超过30斤啦！"显然，你的母亲又在称你的体重。

"那叫15kg，老是这么斤啊斤的，不知道的还以为在买大白菜呢？"你的父亲一边调侃，一边穿起外套准备出门。"斤"是一种古制单位，也叫"市斤"，今天的"斤"相当于500g，也就是0.5kg。你的父亲说得没错，随着公制单位的普及，"斤"的说法正在逐渐淡出人们的视野，几乎成了菜市场专用的量词。

你的母亲还是那样兴致盎然，有些吃力地抱着你，将你递到你父亲的手中。他们如此兴奋，却没留神让你的腿蹭到了父亲外套上的拉链。你痛得哇哇直哭。他们这才发现，你的腿居然被蹭破了。

2.伤痛

　　这是你人生中的第一次受伤，尽管只是一次很浅的外伤。你的疼痛，让你本能地感到厌恶。不过，细细一想，你却要感谢你的痛觉。

　　地球上的动物，绝大多数都拥有痛觉。痛觉确保自身能够生存下去的重要机制。想想看，如果一只羊没有痛觉，那将非常危险。当它夜里睡觉的时候，狼就可以安然地啃着羊腿，却不用担心这只羊会突然醒来挣扎。对你来说，虽然生活并没有那么残忍，但是面临的危险也不少。疼痛是让你保持警觉的法宝。

　　某种意义上说，痛觉是一种升级版的触觉。触觉是全身性感觉，痛觉更是如此，甚至覆盖更多，因为你不太容易感受到内脏之间的接触，却可以感受到它们的痛。同一个动作对你而言，也许既能产生触觉也能产生痛觉——当清风拂过你的双颊，你感受到的是空气对你的抚摸；当你来到海边，飓风拍打着你的脸，你感受到的就是疼痛了。你似乎已经明白，触觉启动的阈值很低，只需要很小的外力即可，但痛觉启动的阈值明显高了一些。更有意思的是，当你接触一个物品的时候，触觉会给你传递信息；如果你和物品的接触不终止，触觉虽然还存在，但你却不会持续受到触觉的刺激，甚至会忘了它的存在。然而，一旦痛觉开始发挥作用时，你就会产生厌恶的情绪。

▶ 触觉

触觉和痛觉的另一点区别在于，触觉很专一，它几乎只会因为受到机械力才被激活，但是痛觉却并非如此。这是因为，造成疼痛的整个过程会在一瞬间完成，你甚至没有时间去考虑究竟是怎样的伤害。所以你的疼痛，往往只是同一个感觉，无论这痛觉是来自创伤、电击、灼热还是冰冻。

当你把手指伸进60 ℃的热水时，你会感受到一股滚烫的痛；当你伸入冰水里的时候，你会感受到寒冷的痛。但是，如果让你蒙上眼睛再去触碰，你并不能在第一时间准确地回答出，哪种痛觉是热，哪种是冷，你唯一知道的，就是赶紧把手指缩回来。

这种机制的好处显而易见，只是实现起来并不容易。

你或许还记得，即便只是识别甜味，你也需要有专门的味觉细胞，并且这些细胞还需要动用两种不同的G蛋白偶联受体。如果想不假思索地用痛觉去识别出各种伤害，那你身体的任何部位都要具备这个功能。这就意味着，你身体中大部分细胞都要装备一些受体，去感受不同的伤害。这当然是个不小的负担，毕竟你的细胞还有很多工作要做。

于是，这些能够侦察到痛觉的细胞便发展出一套多功能探测器。它们可以在很多条件下，做出相同的反应。

这种探测器被称为瞬时受体电位（TRP）离子通道，是一种由蛋白质包围起来形成的通道，犹如一个个隧道，穿过细胞膜。通常，这些离子隧道都是关闭状态，但是构成通道的蛋白质颇为智能，它们在你受到伤害的时候，就会将通道打开，让那些通风报信的信号兵进出。这些信号兵从化学上看都是一个个离子，因此这些通道就被称为离子通道。离子是一些带有电荷的小粒子。离子结伴而行时，必然就会形成电流。此时你的神经系统就像电路一样，通过电流把信号传输给大脑。

所以，你的疼痛知觉，的确具有"瞬时"响应的敏锐技巧：蛋白质受体以最快的速度感知疼痛；看守离子通道的蛋白质就立即负责地放出离子；离子迅速传递指令。整个过程一气呵成。

更重要的是，虽然你有几种不同的TRP通道，它们针对不同的疼痛形式产生反应：有的擅长探测机械损伤；有的擅长探测冷热温度；有的擅长探测对你可能有害的化学物质。然而，当它们进入工作状态时，却不是那样分工明确，倒像是一个配合默契的团队，个个都是多面手，哪里需要哪里上。

你也许已经在品尝美食的时候，被辣味的食物辣到了。也许多年以后，你会爱上这种火辣的感受，但你现在还太小，对此只有逃避。

人们常说"酸甜苦辣"，把辣也当作是味觉的一种。然而，辣却是一种如假包换的痛觉。在你的多种TRP通道里，有一种被称为TRPV通道，它就可以和辣椒里的辣椒素结合，给你带来刺痛的感受。但是，这个过程并不是那么专一，TRPV通道也可以因为受热或受寒而打开，甚至还会因为遭遇到酸性物质或是因为身体里的炎症而打开。所以，当你吃到辛辣食物的时候，身体也会不由自主地感到火热，正是因为这些通道虽然打开并汇报了军情，但它们并不能准确区分出，到底是由于吃了辣椒还是受到了炙烤才感受到了痛。

如果有一天，你会被辛辣食物诱惑，很可能也是因为TRPV并不精确的判断。

在难见太阳的四川贵州等地，闷热的气候，潮湿的空气，加上山地或盆地的独特地形，散热就成了身体最需要克服的困难。麻辣的食物，可以"无中生有"地产生热辣的感受。几口水煮鱼，或许也能大汗淋漓，就像是重新点亮了激情。如今，这种以辣促热的美食体验，已经风靡了全国。

当然，这也有尴尬的一面，那就是一顿享受之后，一两天后可能会面临肠胃乃至肛门的抗议。痛觉的全身性体验，让你在满足口腹之欲的同时，也不免会把辣椒素顺势带到消化系统的其他部位，让更多TRPV通道城门大开。

这种特殊的体验，也让一些医生发现了宝藏。既然感受疼痛的基础是TRPV通道，而且这些通道可以在不同的刺激下打开，那么它是否也能用来探测一些难以觉察的病症呢？

不少学者都在致力于这一领域的研究，也的确收获了不少成果。就像辣椒素的受体通道，它就和一些癌细胞的生长过程有关。或许，在不久的将来，借助于痛觉系统，还能够发现并治疗一些疑难杂症。

当然，此时的你并没有想到这么深远的事，切实的疼痛让你艰难地止住啼哭。你的父亲已经拿来碘伏，给你的伤口做了简单的处理。这是防止细菌侵入感染的一种办法。在这之后，你自身的免疫系统会大显身手，促进伤口很快恢复。

这只是你成长中一次不起眼的小伤痛，但你已经体会到免疫系统对你的保护。免疫系统就如同你的盔甲，在你成长的岁月里，它还将为你抵御各种各样的伤害。

3. 一场小病

　　你的体重还在增长，身体健壮又敏捷，这让你的母亲感到十分欣慰。不过，近来你的母亲有些惆怅，一个幽灵般的传染病正在全世界流行，她很担心家人也会受影响。不巧的是，你最近又有些咳嗽，让她的心都悬了起来。

　　这个流行病被称为急性呼吸窘迫综合症（ARDS），是一种由病毒传播引起的肺部疾病。人们把引起ARDS的病毒称作新型冠状病毒。这种病毒个头很小，直径只有头发丝的千分之一左右，因为形似皇冠，又是人类从此前未见过的一种病毒，于是就有了这样的称呼。新闻里持续播报着它的威力，短短十个月的传播时间里，五千万人感染了这种病毒，并有上百万人死亡。所幸的是，在你生活的国度，有一群伟大的人在病毒刚开始流行的时候，勇敢逆行，奔向病毒最集中的地区，用最快的时间搭起急救基地，历时两个多月就将病毒控制。

　　在人类漫长的岁月里，病毒一直如影随形。这是一种连生物学家都不敢断定它是生物的"生物"——它的确符合生物的某些基本特征，能够通过繁殖把自己的遗传物质传递给下一代，可是它连最基本的细胞结构都没有，只能寄生在别的宿主上。这些宿主，可以是细菌，可以是真菌，可以是植物，当然也可以是动物。人类的历史，满打满算不过几百万年，但是病毒却已经在地球上出现了数十亿年，而且一直很兴旺，因而人类也必须学会如何与它们相处。

在大多数时间里，病毒和人类相安无事，各自过着各自的生活。任何一种病毒都只会感染某些特定的宿主，因此通常情况下你不需要因为病毒而担心自己的食物。就像水稻生长时，也许会被稻矮缩病毒感染，也因此不能良好地生长。然而，就算这些病毒混入了米粒里面，也不会在你吃下米饭的时候对你造成任何威胁。

一个细胞能不能被病毒侵犯，首先取决于它的表面是不是有合适的蛋白质与病毒结合。如果没有蛋白质作为它停泊的"码头"，那么这些病毒也只有悻悻而归。水稻的细胞和人类的细胞相差实在太大，细胞表面的蛋白质更是千差万别，所以一种能够感染水稻的病毒，要想感染人类着实不太容易。

但是情况并不总是如此乐观，因为人类也会和很多动物相处。比如：禽流感病毒是鸟类经常会遭遇的一类病毒，但它们有的时候也会感染给人类，甚至造成全球范围内的流行。若是哺乳动物感染的病毒，传染给人类的概率就更大了。

你母亲还清楚地记得，曾经有一年，另一种会引起肺炎的病毒流行。那种病毒也属于冠状病毒，引起的疾病被称为严重急性呼吸综合征（SARS）。那一次病毒的流行造成了惨烈的后果。十分之一被此种病毒感染的人都会因它死亡，痊愈的人也多伴有后遗症。也正是有了这样的经验，你的母亲才会对此次的流行病如此忧心忡忡。还好，这次的病毒流行范围虽广，但似乎并没有那么令人恐怖。

你的父母几乎每一天都会用消毒剂给你住的房间消毒。你接触到的各种物品更是被他们重点关注。消毒剂的类型有很多。为此，他们不得不精挑细选，生怕会有什么副作用。

这倒不是他们多此一举，不少消毒剂的确会给你柔嫩的身体带来损伤。

很多人都在抢购医用酒精（75%的乙醇溶液）。因为它会让病毒蛋白质的活力丧失，所以消毒的效果不错。但是，酒精的刺激性似乎有些大。事实上，高浓度的酒精也的确会激活识别痛觉的离子通道，这让你感到十分不适。

在你上一次受伤时曾用过碘伏，这种药剂不仅可以杀灭细菌，也能够杀灭病毒。可是，它也只能用来清理伤口，并不能直接喷洒，否则漂浮在空气中的碘伏微粒也会让你的呼吸道受到刺激。这并不是危言耸听，曾有些人把消毒剂放到空气加湿器里喷到空气里，最后造成肺部异常，甚至为此丧了性命。实际上，大多数消毒剂都不适合向空气中喷洒。

在经过仔细的比对之后，你的父母最终用了一种二氧化氯发生器。二氧化氯发生器可以持续地产生低浓度的二氧化氯。这种物质在空气中，会产生活性的氧原子。这些氧原子让病毒无所遁形。当然，从另一方面说，二氧化氯对你来说也不是绝对安全，但也确实比其他的选择更理想。

实际上，对于父母这样无微不至的保护，你多少还是有些不情愿。你相信，自己的免疫系统已经足够强大，这正是对付病毒的利器。有很多证据表明，对于这次流行的病毒，孩子的抵抗力显著高过成年人。

病毒在细胞表面找到它的目标蛋白质后，就会伺机进入细胞，吸取细胞里的营养成分。细胞当然不会坐以待毙。免疫系统就开始对病毒进行的反击。

要想说清楚免疫系统到底是什么，并不是一件容易的事，因为它实在过于庞大也过于复杂了。在你的身体中，有的器官或组织专职负责免疫，比如淋巴腺；但在其他部位，也有负责免疫的细胞，比如血液里的白细胞；即便是普通细胞中，也同样富含一些具有免疫功能的分子，它们都属于免疫系统。正是在这样严密而又多层次的防控之下，免疫系统通过各种化学反应，帮你消灭来犯的病毒。

病毒侵入你的一些免疫细胞时，它在识别攻击目标的同时，自己也成了目标。病毒上携带的抗原会被免疫细胞识别。除了病毒以外，花粉、细菌、移植的血液，甚至还有精液，都含有抗原物质。在识别出抗原以后，你的身体就很清楚自己正在遭受危机，并立即做出反应，合成出一些化学武器，有针对性地消灭这些不速之客。这些武器便被称作抗体。

多么美妙的化学反应！它们的任务，就是为你构建一套可以信赖的免疫系统。它们发挥作用的时候，也会带来一些副作用，比如你的身体会因此发热。与此同时，更高的体温，也反过来促进化学反应，让你能够更快地将敌人打跑。只不过，发烧也让你感到身体虚脱。要是体温达到了42℃，比正常体温高出了五六摄氏度，就会有性命之虞。所以，当你的母亲发现你除了咳嗽还伴有发烧时，毅然带你来到了医院。

很快你们就知道了检查结果。你的发烧咳嗽，并不是感染了新

▶ 免疫细胞

型冠状病毒，而是遭遇了一般的流行性感冒病毒。这些流感病毒是人类的老对手了，每到气温下降的时候，就会乘虚而入。无数人因为它出现了感冒症状，而你只是其中一个受害者。

　　并不是每个人的免疫系统都能利用病毒的抗原顺利地产生抗体，甚至对于有些病毒，免疫系统会趋于瘫痪。若是被猫狗或是狐狸之类的野生动物咬伤，有可能会遭遇狂犬病毒。人类对狂犬病毒就几乎束手无策。于是，为了对付这些病毒，人类开发出疫苗：一种可以促进人体产生抗体的药物。在遭遇这次疾病之后，你的母亲也决定在次年冬天带你去打一针疫苗。只不过，这类病毒的种类太多，而且总是在不断地产生新的品种，所以想靠疫苗彻底阻断它们的传播，并不现实。

　　还好，对于大多数人来说，流行性感冒不过是一场小病，你也幸运地挺了过去，免疫系统再次立了大功。要是没有它们的努力，这些看似不致命的病毒，也会在人的身体里繁殖下去，不断地消耗营养，产生毒素，直到脏器衰竭。

　　其实，对一个国家来说，何尝不是如此？面对病毒带来的疫情，如果处置得当，层层防控，形成一套全民防御的免疫系统，再厉害的病毒也会无所遁形。要是任由病毒传播下去，它们就会不断地破坏秩序，消耗资源，让人感到绝望。

　　在你未来的成长生涯里，还会遭遇各式各样的小病。有的病是因病毒感染，也有的病是因为支原体、衣原体、细菌，以及真菌等各种微生物，甚至还会遭遇寄生虫。它们统统都被称为病原体。一些非生物媒介也会对你造成威胁，它们可能是来自工厂里排放的汞、铅、镉等重金属，也可能是阳光里的紫外线。至于对你的威胁，或许会让你立刻中毒，或许会让你长期病痛。所以，你必须学会仔细地辨识，远离这些纷纷扰扰的危险，才能不断地成长。你的免疫系统会一直守卫你的健康，但是你的一些不良习惯也会干扰免疫系统的工作，年龄的增长更是会让免疫系统疲惫不堪。所以，你只有善待免疫系统，才能让病痛离你更远。

　　不过，也有的时候，你的免疫系统会让你感到有些无奈。

4. 讨厌的蚊子

冷暖交替，四季轮换，你还在茁壮地成长，终于开始了自己独立睡觉的日子。小床不宽也不长，但是对你来说刚好合适，铺着的床单还有你喜欢的白雪公主卡通图案，让你感到特别温馨。

到了你入睡的时间，母亲为你掖好被子，但你却感到十分紧张，叫她不要关灯。她也立刻会意，知道你怕黑，也知道你心里正在想什么，便搬来一张小竹凳坐在你的床头，给你讲起了故事。听到七个小矮人陪伴着白雪公主，你感到心头一暖，渐渐地进入梦乡。

当你再一次醒来的时候，屋里一片黑暗，母亲也已不在身边。你还没有清醒，只是下意识地哭了起来。听闻哭声，你的父母都赶了过来。你这时才明白好像发生了什么。

"没有尿床。"你的母亲首先检查了你还穿着的纸尿裤。

在你的胳膊上，你的父亲发现了你啼哭的原因。一颗蚕豆大小的鼓包出现在你的小臂上，上面已经出现了好几道指甲印。显然，熟睡中的你不自觉地把手臂伸出被子外。狡猾的蚊子找到了可乘之机，饱餐了一顿不说，还给你送上了这个大红包。难忍的瘙痒让你忍不住地挠了挠，终于还是从睡梦中醒来。

"天还没怎么热，怎么就有蚊子了？"你的母亲焦急地问道，既有些诧异，似乎也有些自责。

此时，你不再哭闹，父亲已经找来止痒的药剂，涂在了红包上。你的皮肤上顿时有种凉凉的感觉。

在很多人看来，痒似乎是不那么痛的痛觉。当你的皮肤上有什么东西划过时，你会感到有些痒；如果力度再大一些，你也许就会感到痛了。的确，从感觉的传输过程来看，痛和痒非常相似，甚至也会共用一些细胞。

痒和痛之间有关系，这其实不难理解。对人类来说，这两种感觉都是有些糟糕的体验。只不过，面对痛觉时人会本能地逃避，但是感觉到痒时，人却更想去挠一挠。相比于痛觉来说，痒的感觉似乎更加复杂，人类对它的研究还非常有限，甚至很难定义"痒"究竟是什么，更别说定量分析了。

还好，关于蚊子叮咬的过程，人们已经大致了解清楚。

那么，蚊子决定对你的胳膊下手时，会仔细地寻找一个安稳的部位。这个部位既不会让你惊醒，又足以让它站稳脚跟。当"酒足饭饱"之后，蚊子会逍遥的离去，而它带来的祸患才刚刚开始。

还没发育完全的你，皮肤自然比成年人稚嫩得多，这让蚊子叮咬你的难度要小得多。实际上，蚊子虽小，却拥有非常发达的传感系统，可以感知到吸血目标的很多信息。比如：目标动物呼出的二氧化碳就会被蚊子探测到。蚊子的感应系统可以由此大致判断对方的一些特性。有些人因为代谢旺盛，呼出的二氧化碳浓度更高，因而显得更招蚊子。同样，当你和父母同处一室时，你总是更容易被蚊子袭扰，可能也是相似的原因。

蚊子的口器看上去像是一根柔软的毛，但它的实际结构却异常复杂。蚊子的口器通常由六根微管组成，而且也不像外表看上去那么不堪一击。其中有两根微管甚至还带有锯齿，专门用来划开皮肤，方便其他的微管进入。

利用这种独特的微管系统，蚊子开始了它的罪恶之路——尽管对它们自己而言，这只是自然界不可违背的生存法则。

蚊子切开的伤口十分细微，真正做到了不痛不痒。切开伤口后，它并没有急着开始吸血，反而是先注入一些它的体液，其中含有不少种类的蛋白质。

你依稀记得，在医院打针的时候，那针管比蚊子的口器可粗得多。不同于别的孩子一去打针就大哭大闹，你经常是含着眼泪，咬住嘴唇，冷静地看着针头扎进皮肤。护士一边夸你勇敢，一边拔出针头。你看到针头在你的皮肤上带出小血滴，慢慢地渗出，鲜艳得像一颗芝麻大的小红宝石。

不过，渗血并不会一直持续。哪怕不用棉球堵上，这颗小红宝石也很难长到绿豆那么大。这是因为，血液中有一种被称为"凝血酶"的蛋白质，它可以让血液从伤口流出时快速凝固。此时，被堵住的伤口便停止流血。这个过程同时还和维生素K之间有着莫大关系。因此，缺乏维生素K的人就会经常出现无故流血的症状。你的母亲爱喝羊杂汤，而动物肝脏中含有丰富的维生素K，因此哪怕是还没断奶的你，也未曾患有过维生素K缺乏症。

然而，蚊子在吸血前注入的那些蛋白质中，有一种被称为"抗凝血酶"的成分。顾名思义，它和"凝血酶"的作用刚好相反。血液因它保持极佳的流动性。于是蚊子在吸血的时候，不会遭遇有如吸管扎进果冻里却吸不动的境地。

如果仅仅是这样，蚊子虽然有些讨厌，却也只是偷了一点血，那人类可以泰然处之。

不幸的是，在蚊子给你的皮肤下注入它的唾液时，其中的成分远不只是抗凝血酶，有时竟可以携带病毒、细菌或疟原虫这样的微生物，甚至是丝虫这样的寄生虫。在人类的历史上，登革热、黄热病、乙脑、疟疾、丝虫病等很多传染病的流行，蚊子都扮演了非常重要的角色。事实上，不仅是蚊子，还有跳蚤、虱子、蜱虫等各类小虫子，都可能会在吸血的时候注入一些病原体。

正因为此，你的免疫系统对蚊子叮咬的问题也不敢大意。

为了对抗蚊虫带来的病原体，免疫系统就需要制造出一些抗体。

然而，这对现在的你来说并非易事。相比于细菌或流感病毒，蚊虫不只是体型要大得多，带来的威胁也更复杂，是非常棘手的敌人。在识别这些威胁后，免疫系统生成合适抗体的时间也没有那么及时，或许需要等上几天出现症状后才能实现，又或许需要被反复被叮咬后才能产生。

如此一来，远水解不了近渴，等待抗体的出现，并不是一个好的主意——这与免疫系统对付流感的情况大相径庭。

但你的免疫系统也有办法，它在血液中部署了一种被称为"肥大细胞"的免疫细胞，堪称居家旅行必备的应急工具箱。

如此一来，当蚊子对你的血液造成威胁时，这些工具箱立即打开，并在血液中释放出好几种不同的化学物质，冲向被蚊子叮咬的伤口。

在这群敢死队员中，有一种被称为"组胺"的物质异常耀眼。组胺也被称为"组织胺"（注：histamine，英语中"hist-"前缀来自于希腊语，代表tissue，也就是生物组织），顾名思义就是身体组织中的一种胺类物质。制造组胺的原料是组氨酸。组氨酸是人体需要的20种氨基酸之一。所以，你不必担心身体内会缺乏组胺这个武器。

随着组胺和一群弟兄们杀到前线，碰到的是一片狼藉：肇事者蚊子已经逃之夭夭，伤口似乎也已止血，但是蚊子留下的各种垃圾却散落在伤口附近，无处消散。在这些垃圾之中，或许就混有危险分子。

于是，组胺立刻发挥自己的功能，舒张血管，让血液流动加快，这样就有助于免疫系统的主力大部队顺着血液进入战场，清理垃圾。从你的视角看过去，被蚊子叮咬过的那片地方，此时已经隆起大包，同时也感觉十分瘙痒。

而你的反应也和所有第一次被蚊虫叮咬的人那样，对着瘙痒的位置就一顿干挠——殊不知，这样的做法会让免疫系统误以为威胁还未消失。于是免疫系统指挥肥大细胞继续保质保量地分泌出组胺，结果更大的肿包出现，瘙痒也就愈加难忍。

组胺并不是有心要把事情搞砸。它就像是满腔热血的勇士，总是奔赴到最危险的地方救火。可它并没有技能对付各式各样复杂的火情，只好端起水管以最大的速度对着目标一通狂喷。

有的时候，组胺这样的处置方案是合理的，可以消灭危险源。

但也有的时候，火情只是一根没有被踩灭的烟头，组胺如此大费周章，虽然也完成了任务，却带来了新的麻烦。

所以，当蚊子没有携带病原体的时候，组胺引发的瘙痒，反而会比蚊子叮咬本身更令人难以忍受。这种过激的应对方式，就被恰如其分地称为过敏反应。组胺也因此被称为一种过敏原。当然，过敏原的种类数不胜数，甚至鸡蛋、牛奶、海鱼、花生都是过敏原。

对你来说，蚊子叮咬之后的过敏反应虽然让你从睡梦中醒来，但它还算温和，你的父亲在你的红肿处涂了一种含有抗组胺成分的药剂后，瘙痒很快就消失了，你也不知不觉又睡了过去。

但是，也有一些人的过敏反应更为激烈，大量分泌的组胺不只是造成皮肤红肿，甚至还会让呼吸都变得困难。碰到如此严重的过敏反应，就需要送到医院进行治疗了。

退一步说，在蚊虫叮咬后出现的过敏，多少还是可以让人接受，因为这些红肿的印记，能让你及时知道自己被侵犯了。但是，也有的时候，组胺引起过敏反应几乎没有任何正面的价值。比如：行走过程中摔上一跤，哪怕并没有出现伤口，轻微的疼痛感也会让热心的组胺前来查看敌情——过敏就这么不经意地发生了，以至于一次并无威胁的摔倒，或许也会肿上好几天。

直爽的组胺，就是这样让人无奈。

5.一生相伴的免疫系统

不管怎么说，面对伤痛和疾病，你还是坚强地成长着，越来越从容地生活在这个世界上。

你的免疫系统变得更完备，它就像一块盾牌守护着你，替你挡下那些明枪暗箭。

但你要继续走下去，还必须知道两件事：

第一件事，免疫系统并不是凭空而来，而是很多种化学物质有机地结合在一起。这就意味着，你需要通过食物补充这些物质，让它们相互反应，维护这块盾牌的稳固。所以，你的母亲鼓励你吃饭要吃饱，并不只是为了让你增加体重，更是让你准备足够的原材料，更快地搭建起你自己的免疫系统。

第二件事，你的免疫系统会因为很多情况受损，有些伤害甚至会伴你终身。就像你母亲担忧的那个"新冠"病毒，它的破坏性并不只是在感染时有可能引起发烧、肺炎之类的症状。被这种病毒感染后，免疫系统会与病毒展开殊死搏斗。那些因病而亡的人就是因为免疫系统被击溃了。然而就算免疫系统胜利了，损失也会相当惨重。因此，在遭遇这样的疾病之后，更需要善待免疫系统。此时，你不只需要更积极地摄入营养物质，更需要养成良好的生活习惯。

总而言之，免疫系统会伴你一同成长。但你显然并不满足于生理上的发育，更在意精神世界的发展。

身体中，有一股更神秘的力量开始迸发，你似乎已经感受到了这一点。

思考：我是谁？

第九章

1. 我是谁？

这一天有些阴霾，你托着腮，望着窗外的天空发着呆。

"我是谁？我是从哪儿来的？"你再一次想起了这个问题。

你曾经多次追问过你的爸爸妈妈，但他们也只是笑笑，说等你长大了，自然就会明白这一切。

对于这个答案，你非常不满意，因为你觉得，父母已经是成年人了，但他们似乎对自己的来历漠不关心。

"如果现在不思考，就算长大了，又怎么会追问这些问题呢？又怎么会知道答案呢？"你似乎有些怨气，真是人小鬼大。

天空变得愈加深沉，你有些无精打采，心情也渐渐有些烦躁。

"我到底是谁？"你再次问了起来，"你知道吗？"

……

"喂，我是谁，你知道吗？"

谁，你在问谁？

"你啊，不就是你正在写这本书里的我吗？"你好像有些生气了，"那我到底是谁？"

我？我这才醒悟，我笔下的你，正在质问我一个很严肃的问题。

我还未能回答，你又继续追问道："我是谁，为什么连个名字都没有？"

这个问题让我措手不及。虽然我把你创作了出来，但我也只是想用化学的语言讲述你的一生，却从未想到要给你取个名字。看着你对自己身世的思索，我不禁感到有些内疚。

"这个……"我有些愣住了，只得有些惶恐地回应，"书中自有颜如玉，你就叫'颜如玉'吧，怎么样？"

你皱了皱眉头："俗了点，不过也能接受，那你叫什么呢？"

"我叫……"我翻着笔记，里面有我准备放在封面内页的"作者简介"。

但你显然对我的真实履历并不感兴趣："你给我起名颜如玉，那我也给你起个笔名吧，就叫……就叫'马良'好了，像神笔马良那样，画只鸟儿就能飞，画匹马儿就能跑……你既然要写我，就让我也能真正活一场可好？"

你的口气不再是质问，倒有些哀求的口吻，我只得应承下来。

"老马！"你喊道。

我一下子还没反应过来这是在呼我。

"老马，能告诉我，我是从哪儿来的吗？"

我略思忖，答应了你："再过几章，我就会写给你看。"

这并非是我对你敷衍，对于生殖，你此刻并不能理解太多，而眼下你还需要知道一件很重要的事，就是你的大脑究竟构建了怎样的网络，让你能够思考这么多有哲理的问题。

2.神经网络

在地球上，如果寻找会思考的生物，人类决不会是唯一的会思考的生物。

在户外遇到一条野狗的时候，你和它之间的四目对视。在你们这场跨物种的对峙中，"思考"是双方同时拥有的武器，甚至就连思考的问题都是一样的：是进攻，还是逃跑？

"老马，你能告诉我，野狗是怎么想的吗？"你有些鬼灵精怪地问道。

我微微一笑："我可不上你的当，我又不是狗，怎么能告诉你狗是怎么想的？"

诡计没有奏效，你似乎有些失望。

"别着急，我可以告诉你，你为什么会去思考。"

听我这么一说，你又来了兴趣。

你能够思考，都是因为你有一套神经系统，这套神经系统让你拥有了意识，并最终发展出了智慧。

你的这些生理结构究竟怎样给了你意识，或者说，"思考"的技能究竟是怎么出现的？这既是科学问题，更是哲学问题。很遗憾，我无法从哲学层面上告诉你答案。事实上，古往今来，无数科学家和哲学家都在思索这个问题。也就是说，"人类意识到'意识'的存在，然后去思考'思考'的本质"。这样的逻辑循环让人的思考进程难以为继。

正因为此，我并不想和你探讨这些问题，只是告诉你，你的神经系统是怎样的。

在成长的这段日子里，你已经能够熟练地调动视觉、听觉、触觉、味觉，以及嗅觉。它们是你赖以生存的五种基本感觉。除此以外，还有更多让你难以名状的感觉，也许是痒觉，也许是内脏突然像过电一般的酥麻感。

这些感觉，通常都会通过神经给你的大脑传递信号。所以，你体内的无数条神经，构成了一张几乎连接了所有细胞的大网。大脑就是神经网络的中心。它收集来这些信号，并经过处理后得出结论，再向身体的一些部位发出新的信号。

就像你碰到野狗之时，你的视觉首先接收到很多信息，让你能够识别出这条狗的毛色、长相。于是你的大脑就会根据这些信息去分析：这条狗的力量究竟会有多大，会不会异常凶猛？如果它还在狂吠，同时散发出垃圾堆里那种令人恶心的气味，那你的听觉、嗅觉也会上阵。此时，你的大脑最终做出判断——虽然这条狗并不凶猛，可它实在是太脏太吵了，令人生厌，那还是躲着走吧。

这么复杂的机制，虽说是你经过这几年的发育之后形成的，但绝非是你自己的发明创造。人类能够熟练掌握这些技能，靠的是数亿年来的演化。

那些更为原始的动物也能根据自身的感觉做出反应。比如：水螅有着像八爪鱼一样的触手，每一只触手上都分布着神经，传递着触觉信号。可见，即使是毫不起眼的水螅，也有着自己的一套神经网络。只是在这个网络中，并没有类似于大脑的结构。

于是，对于水螅而言，每一条神经就好比是鲁迅笔下那根用来捕鸟的绳子——扫开一块雪，露出地面，用一枝短棒支起一面大的竹筛来，下面撒些秕谷，棒上系一条长绳，人远远地牵着，看鸟雀下来啄食，走到竹筛底下的时候，将绳子一拉，便罩住了。（节选自《从百草园到三味书屋》）

这条长绳，一头可以感受到捕鸟人手上的动作，另一头连接着短棒，那是将竹筛放倒的机关。从感觉到做出反应，一切都是这么直截了当。

在你的身体里，也有这样简单实用的神经。当你睁大眼睛，用指尖轻轻地触摸眼前的睫毛时，眼睛就会自然而然地闭上。在这个过程中，你并不需要动用大脑去思考。当然，你的眼皮恪守职责，也不敢给你思考的时间，直接就为你做出了闭眼的决定，保护你稚嫩而珍贵的眼珠。在这个过程中，睫毛到眼皮之间的神经关联，也像水螅那样直截了当。

但是，当很多这样的神经组合在一起时，情况就变得有些难以应付了。水螅的神经遍布于全身，形成一套完整的网络，就仿佛是用绳子编织出了一张蜘蛛网。于是，当水螅的一个触手有了感觉以后，它根本分辨不出是哪一只触手被碰到了，只能牵一发而动全身，整个地扑上前去。

显然，这种网络对水螅而言或许还不算什么，而对你如此庞大的身躯来说，就成了严重的负担，因为每一个神经发来的信号，你都要动用全身的力量去做出反馈。

在亿万年的演化之后，你才拥有了现在这个无与伦比的神经网络。你的大脑处于这个网络的中心。尽管它不是这个网络中收集信号并作出反应的唯一器官，但它却是唯一具有思考功能的那一个。正是有了思考，你才有所取舍，在收到各种纷纷扰扰的信号时，不需要把力量花在那些无谓的事情上。

不仅能够思考，大脑还顺便发展了存储功能。这样你就不用每一次都思考同样的问题。当你第一次遇到野狗时，你所思考的那些问题会让你产生记忆，甚至直接记住眼前这一只野狗的特征。当下

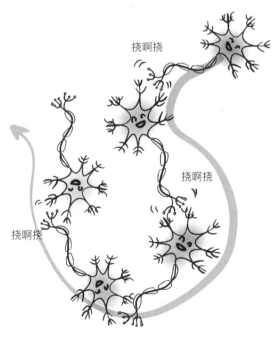

▶ 被干扰的"神经网络"

一次再遇到它的时候，你不需要再做任何思考，就能够认出它。

当然，那只野狗虽然让你有些厌恶，可它并不蠢，因为它也有大脑帮助它完成思考和记忆的过程。可以预见的是，日后当它遇见你时，它大概也会记得你躲着它走的模样，直接采取对它更有利的回应方式。

于是，你和这只野狗都拥有了一种叫"条件反射"的技能——每当类似的场景重现时，就会下意识地采取同样的策略去解决问题。准确地说，"条件反射"是由大脑皮层组织指挥的策略。

与之相对的，像那些碰到睫毛就闭眼的动作，就属于"非条件反射"了。不过，非条件反射虽与思考无关，但也可能要请大脑出马，只不过动用的是脑干部位。

"老马，我发现你这个人一点都不实诚。"在听了这么多有关大脑的故事后，你冷不丁说了这么一句。

"为什么这么说？"我很不解。

"你刚刚还说，你不是狗，并不知道狗在想什么……"

看起来，你还在为刚刚没有捉弄到我而感到不忿。的确，我没有办法知道狗是怎么想的，但是曾经有一位叫巴甫洛夫的生理学家，用实验论证了狗的条件反射。实验并不复杂：狗在第一次看到某种美味食物的时候并没有反应，但是当它吃过食物以后，再一次看到这种食物，就会分泌口水。随着时间推移，口水分泌量也会增加。显然，狗会记住这种美味，而大脑会让它今后做出一致的反应。从这个方面来说，我和你，都与狗没有太大差异。望梅止渴就是我们人类提交给巴甫洛夫的实验结果。

但是，我们的确也和狗有区别，因为我们的大脑皮层更复杂。我们不只会调动这些神经网络去启动"条件反射"的程序，更会去主动思考那些深奥的哲学问题——就像你，会调动这些大脑皮层去思索自己从哪里来。

"哎，想也想不明白，心里好郁闷。"你叹了叹气，"要不你再跟我说说，为什么我会郁闷吧？"

▶ 条件反射

3.情绪的物质基础

当你的大脑不断思考时，丰富的神经活动也会给你带来情绪的波动，让你的生活充满喜怒哀乐。

情绪变化的前提也是各种感觉，但是赋予感觉更多的"情感"色彩。这种情感甚是高级，以至于同一种感觉在不同的场景出现时，我们也无法等量齐观。

对于任何一个生命体来说，最大的事莫过于生与死。每一个拥有神经系统的动物，都会本能地躲避那些让它感受到死亡威胁的敌人。人类也不例外，只是在经过"思考"之后，大脑会做出更为复杂的情绪表达。通常情况下，在面对死亡时，人会感受到的情绪是"恐惧"，惧怕死亡的来临；可是，当一个人长期处于死亡的威胁之下时，这种情绪就可能转变成"绝望"；当他看到身边的人死亡时，也许就会暂时忘掉自己的处境，变得"哀伤"；等到他开始和敌人作战，他也会爆发出浑身的力量，情绪变得"亢奋"；若是赴汤蹈火却未获胜，再次面临死亡威胁时，他也许会感到"欣慰"，就像那些英勇就义的烈士一样，因为他看到更多的人在为此事业奋斗……

毫无疑问，人类真的是一种非常奇怪的动物——面对同样的处境，却可能出现完全不同的情绪。但是，不管情绪怎么变化，物质基础总是相似的。

在你的身体内，掌管情绪的物质有很多，比如多巴胺和内啡肽。此刻，我要对你说的是"血清素"。某种程度上说，血清素是我们身为灵长目动物的荣耀。

你多少已经知道，根据达尔文的进化论，我们人类和猴子之间有着非常近的亲缘关系。这倒不是说，我们是猴子变的，或者如今的这些猴子将来会变成人，只是我们和现代的猴子都有着相同的祖先。因此，同属于灵长目动物，猴群的行为会给我们很多启发。

在猴子的群体中，总是会有一个"猴王"来领导族群。长期以来，我们都以为，猴王是通过打斗而产生，由此筛选出身体最强壮的领导者。但是，这样的猜测显然和进化论之间产生了矛盾：如果猴群的选择策略是身强体健，那么经过一代又一代的自然选择，猴群的演化策略就将是以身体强壮优先，和草原上那些靠身体争夺配偶的野牛、角马并无二致。

显然，如果灵长目动物能够被称之为"灵长"，那么演化的优势因素应当在大脑中寻找。而在猴子的大脑中，研究人员也的确找到了血清素这种非常特殊的成分。那些胜任猴王职务的猴子，它们大脑中的血清素水平要远远高于那些无官无职的个体。相反，那些被排挤在群体边缘的猴子，恰恰也是大脑中血清素水平偏低的个体。

血清素的学名叫作5-羟色胺（5-HT），因为最早是在血清中发现，就得了这么个名字。但实际上，大脑皮层处的血清素含量会带来更大的影响。

无论是对猴子还是人类，大脑中血清素的含量高低都会直接影响到情绪的变化，而它的影响方式，则是通过神经进行传递。

神经是由细胞构成。神经细胞与其他细胞之间连接的间隙，被

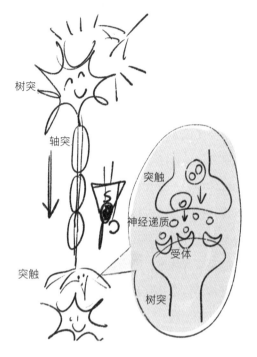

▶ 神经递质传导

称为神经突触。神经突触并不宽，最宽的也不及头发丝的千分之一。但是，当神经系统传递信号时，却不可避免地需要解决这个难题——如何让信号通过神经突触？很多时候，这种传递方式靠神经递质来进行。顾名思义，神经递质就是神经系统中传递信号的物质。如今已知的神经递质有三十多种。血清素就是其中最出名的神经递质之一。

借助于神经网络之间的运动，血清素调节着很多身体的功能，比如睡眠。

你可能已经注意到，如今的你，和过去的你大有差别。刚出生那时，你总是不分昼夜地睡觉，有时候干脆晨昏颠倒。但你现在可就懂事多了，至少父母就经常表扬你：白天，你会更加好动，身心无比愉悦，但是到了晚上，你也会安静下来，不再哭闹，一觉睡到大天亮。而你的懂事，正与血清素之间有着莫大关系。

尽管身体中更多的血清素在肠道中产生，但是它们并不会进入大脑，也和睡眠扯不上关系。不过还好，在你的大脑中，还有一块不怎么起眼的"中缝核"，它是大脑中血清素的唯一产地。

随着你的发育越来越健全，血清素扮演的戏份也越来越重要。白天，当你的视觉系统感受到更强烈的光线时，中缝核也开始劳作起来，提供足够的血清素。于是你的情绪也逐渐兴奋，睡意渐消。而当你的大脑意识到天将变黑时，这些血清素又像是换上夜行衣一样，转化为另一种叫作褪黑素（MT）的物质，作为催你睡眠的信物。也就是说，不管是清醒还是睡眠，血清素都是一种离不开的神经递质。

若干年后，你也许会遭遇睡眠困难的问题。到那时，额外补充的血清素或褪黑素，可以帮你应急，辅助你入睡。不过，这种操作也并非全然没有风险，因为我们现在对血清素知晓的还太少太少。

但是，有一种情况出现时，提高血清素水平就成了最适宜的纾困之策了。

如果一个人大脑中的血清素处于较低水平，情绪就会出现低落，记忆力也会开始减退。长此以往，就有可能出现抑郁症了。这个时候，这个人面对的已不再只是情绪高低的问题，而是成为一种生理与心理上的双重煎熬。

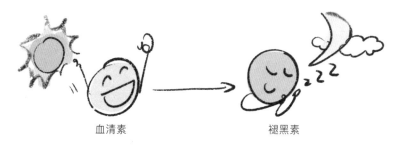

血清素   褪黑素

▶ 血清素褪黑素

现如今，抑郁症已经成为一种影响深远的疾病。在中国，大约每25个人里，就有一个人患有抑郁症。他们不仅总是郁郁寡欢，提不起精神来，而且时不时地冒出轻生的想法，游走于生死边缘。

所以，当你说自己感到郁闷的时候，我作为你的创作者，心中也不免有些自责。如果有可能，我希望你能分泌出更多的血清素，让你的身心更轻松一些。

这并不是廉价的祝福。作为灵长目动物中的一员，很多时候，血清素的分泌量可以通过我们主动的意识去提升。还记得前面说到的猴王吗？它的超高血清素水平并不是与生俱来的。科学家研究发现，当猴王被强行剥夺管理权以后，血清素的水平也会很快下降，而新任猴王的血清素水平则会急剧上升。自信，会让情绪高涨来得更容易。

"老马，我觉得你说得有些道理，听你说完我突然就来了精神！"你的感觉没错，此时的你像是换了一个人似的。

你的笑容如此灿烂，让我长吁一口气，身体也像是过电了一般温暖。对了，差点忘了还有几位帮助你思考的功臣。

4.快速反应的矿物质

你肯定不会忘记，自从离开了母体以后，你就需要自己从食物中补充矿物质，特别是钠、钾、钙这些元素的离子。没办法，因为你会排出汗水和尿液，身体每天都在释放这些矿物质，如果不能及时补充，你就会面临很多风险。最直观的一点，就是你会发现自己的反应变迟钝了，面对外界各种声色犬马的刺激，你却提不起精神。

学术界也没少做类似的实验，让志愿者连续几天不摄入食盐，也就是不去补充钠离子。结果，志愿者尽管没有饿肚子，身体也很魁梧，可就是连拿起一本书的力气都没有。

你可能也听说过"往伤口上撒盐"这么个俗语，听上去就让人有一种让人撕心裂肺的痛。然而，你可能不知道的是，当颅脑出现外伤引起休克时，医生的急救药品中，有一样就是高浓度的高渗盐水。

所有的这一切，都在提醒你一个事实，以钠离子为代表的各种矿物质，会让你的神经系统更加敏锐。

这一点并不意外，因为你的每一个神经细胞都和其他细胞一样，需要靠钠离子和钾离子维持平衡。

如果只是从科学的视角来看，钠离子和钾离子可以称得上是完美的孪生兄弟，两种离子的个性非常相似。它们都能以令人咋舌的浓度溶解在水里，形成电解质溶液。很显然，电解质应该和电有关。电解质溶液能够导电，像铜线一样是导体。当人体中充满电解质时，人体自然也就成了导体。这一点并不让人意外，闪电来袭的时候，我们不能站在旷野上，其实就是这个原因。大地与乌云之间的电流会选择导电性最好的位置。很不幸，人体刚好符合要求。

但是，相比于被闪电击中这微乎其微的风险，电解质带来的好处却是实打实的。拆开电子产品，你经常会发现密密麻麻排列的铜线。借助于这些铜线传输的电流，电子产品才能够接收到信号，并把信号传递给处理器，或者把处理器的结果输出。这种电子设备的信号传递模型，和神经系统并无二致，而电解质的存在，恰恰也能让神经系统也用上"电力"。

但是，人终究不是机械，不能插上电池就启动，而是要采取更智能的手段。在人体中，钠离子和钾离子这对孪生子被区别对待，只因它们的个头儿有点差别。那些精明的蛋白质可以将钠离子与钾离子识别出来，排列出两种不同的通道，一种通道只让钠离子通过，另一种则只让钾离子通过。

有了这种区别对待之后，大部分钾离子顺利地进入细胞内部，而钠离子却大都被挡在了细胞以外。这样一来，人体中的细胞就处在一个非常微妙的环境中，细胞内外被不同的离子包裹。更重要的是，比起细胞内的钾离子，细胞外的钠离子更浓一些。也就是说，细胞外相对于细胞内表现出正电性。如此一来，细胞自身就变成了一个电容（你可以把电容理解成装了电的容器）。只要钠离子能够流入到细胞内，就能产生电流。

这看似是个很不起眼的电子元件，毕竟细胞内外的电压不过0.07V，这个数字别说是和220V的家用照明电压比了，就是在1.5V的干电池面前，也实在是不值一提。但是，这个电压作用的距离不过是细胞膜的厚度，还不及头发丝的万分之一，要是按同样的尺寸放大，那么细胞内外的电压甚至远超现在的高压线。

光有电压还不行，如果不能转化为细胞之间沟通的信号，神经系统依然不具备通信功能。

相比于普通细胞，神经细胞的外形高度异化，从细胞外突出的一根丝尤其醒目。这根突起被称为轴突。于是，不同的神经细胞长短不一，最长的超过1m。除了轴突以外，神经细胞外还分布了更多短小的突起，被称为树突。相比之下，普通的细胞大多是实心球一样的结构，只能和附近不多的细胞接触，如果用来传递信号，显然不及神经细胞的效率更高。

但轴突与树突的作用不止于要和更多的细胞接触，它们还被赋予特别的功能。轴突就好比是信号发射塔，能把信号发出去，而树突更像是接收天线，可以接收到其他细胞的信号。当电流沿着细胞内部的电解质传递时，信号就可以得到传输。

此时，关键问题就出现了，一是神经细胞怎么生成电信号，二是这些电信号又该如何确保传输方向？

神经细胞受到刺激时，它的形态会发生变化，于是细胞膜上的钠离子通道便开启了。紧接着，细胞以外的钠离子趁势流入，最初的电流就此形成。但是，钠离子通道并不会一直开启，而是很快关闭，短时间内不能再次开启。那些流入细胞的钠离子则去触发邻近的钠离子通道，由此完成信号的传递。就这样，钠离子循环往复，像是接力一般。信号也顺利地向前传播，且不会走回头路。如果你看过体育比赛时观众席上的人浪，就不难明白这个信号传播的原理——每个人都只是跟着旁边的人起立、落座，但是波浪却在向着特定的方向前进。

信号按照这种方式传导的速度，可以达到每秒钟一米，与人行走的速度相仿。尽管这个速度并不算慢，但是用来应急却万万不行。想想看，当你看到一辆自行车朝你撞来，你的大脑在发出逃开的指令时，双腿却要在一秒后才能挪开，这显然不利于逃生。还好，在轴突的外围还有一层绝缘的物质将其包裹，神经细胞的电信号可以被锁定在轴突内部传递，传递速度也飞升到每秒一百米左右。

即便是信号需要在神经细胞之间传递时，电信号仍然是不可忽略的形式。相比于血清素这样的神经递质，细胞之间采用离子传递，虽然信号类型单一，在传递过程中也不能放大信号，但它的高速性也是不可替代的。而在神经递质输送的过程中，钙离子也在默默地发挥着作用。

可以说，你的神经系统能够让你的大脑和身体其他部位之间保持协调，完全是因为有了钠、钾、钙这些离子。如果没有它们，别说思考了，就连走路这样的基本动作也会非常困难，甚至还有生命危险。在如今已知的毒药中，神经毒药占据了不小的比例，其中不乏河豚（河鲀）毒素这样令人闻风丧胆的毒剂，而它让人中毒的原因，就是能够阻断钠离子通道，让神经麻痹，继而生理活动被中断。尽管如此，拼死吃河豚至今都还是一些美食家的至高追求。

所以，无论如何，你还要感激身体中的这些精灵。作为矿物质，它们并不起眼，在饮食中也很容易获取，但是作为身体中的组成部分，它们的重要性不亚于空气和水，你的生命也因它们而精彩。

5.思考是一种本能

在听完我的这些讲述以后，你似乎有些倦怠，说道："老马，你跟我讲这些，跟我想的问题又有什么关系呢？"

当然有关系。

"思考"这个行为，可以说是我们的本能。思考问题的深度，或许也是能够将我们和其他动物区分开的特征。这并不容易，甚至有时会让人感到恐惧。你肯定会惊讶于人体竟拥有如此精巧的运转方式，同时也会感叹生命的孱弱。作为信息传递的平台，数亿年演化而成的神经系统，无论是信息的容量还是传输的速度，都远不及我们人类几十年内发展出来的人工通信系统。

可是，这也恰恰是我们作为生命的强大之处。因为有了思考的能力，我们才会认识到自身的不足，去发展我们需要的能力。同时此过程将我们的潜力发挥到极致，人类因此而生生不息。

所以，不要说什么人类思考会让上帝发笑——如果真的有上帝，那也不过是我们人类自己。就像你，颜如玉，只是活在这本书里，可是当你思考你是谁的时候，应该发笑的，并不是我这个将你创作出来的"马良"，而是你自己。

你若有所思，大概明白了我的意思："我想我现在知道了一件事情，为什么人类已经造出来跑得很快的汽车、飞机，却还要乐此不疲地去跑什么马拉松，去打破一百米的短跑记录。如果说我们思考自己是一种本能，那么寻找运动的极限，也是如此！"

是的，现在我相信你已经全然明白了这个道理，不过既然你已经说到了运动，那我还有点想法要和你分享。

Chapter 10

运动：鲜活生命的标志

第十章

1. 谈谈你的爱好吧！

经过我们在思想上的碰撞，我觉得，我和你虽然身处两个全然不同的世界——我生活在一个看起来很真实的地球上，而你却是我创作的作品形象——但我们完全可以打破界限，平等地交流一些问题，特别是和你有关的那一些。

比如：你的身体正在飞快地发育，似乎可以选择一项你所钟爱的运动，提高你的身体素质。可我不知道你是怎么想的，还是要征求你的意见。

"有没有那种身体对抗比较激烈的运动？"

你的回答让我有些意外，我也只能仓促地应答："激烈对抗……球类运动大概可以，比如踢足球……"

"老马，你误会我的意思了。我想要的是那种，就是那种，可以打架的运动。"

我有些怀疑给你起的名字是否符合你的气质了。打架？这样可不好。

你撅起嘴巴，有些不满："妈妈总说，女孩子要文静，不能跟男孩子那样调皮。可是，我们要是被人欺负了怎么办，总不能不还手吧？可是女孩子又没有那么强壮，不学会打架怎么行？"

我会意地笑了："你说的，那叫防身术，不能叫打架。打架可不是我们这个社会提倡的行为。好吧，既然你说要防身，我建议你不妨考虑学学散打。"

　　"好，就这么定了！"几乎没有任何犹豫，你就答应了。

　　你身体内还有件法宝，能够助你一臂之力，可千万别忘了它。

2.是逃避，还是进攻？

你应该还记得，自己第一次看到壁虎时的反应吧？

那是一个夏天，你的父母带你去乡下游玩。水边的蚊子让你吃尽了苦头，它们比你卧室里的那些同类可凶残得多。但你并不在意，胡乱在胳膊上涂了点驱蚊液，又执拗地甩开妈妈牵你的手，坐到河岸边，呆呆地看着漫天飞舞的萤火虫。它们翩翩起舞的身姿在水里形成倒影，随着缓缓流淌的水波，忽明忽暗。天上的银河也已洒在地上的小河里，萤火虫的闪光就与那些同被映在水中的牛郎织女星交织在一起，流星则在水面打起了水漂。偶尔起伏的蝼蛄叫声随风而至，让这夜晚显得更加地宁静。

欣赏完这一切，你拉着爸爸妈妈的手走在中间，一步一个脚印地往租住的农家院踱去，心中遐想：最浪漫的夏夜也不过如此吧？

如果不是回到院子后看到的那只壁虎，你一定会留下如此完美的印象。

在你读过的一些故事书里，壁虎总是非常邪恶的形象。但你已经知道，壁虎其实并不会伤人，只因你从未见过真实的壁虎，还是被吓了一跳。那的确是个有些恐怖的场景，一只比你父亲手掌还要长的壁虎，原本正匍匐在门上，它的目标是不远处的一只蛾子。也许是听到你的脚步声，它放弃了猎物，扭头就跑，飞快地在门上爬行。也恰在此时，你也发现了它，下意识地喊了出来，扔掉了手上拿着的草编蝈蝈笼。

蝈蝈笼正打在门板上，壁虎不要命地逃窜，慌乱之中，它的尾巴掉在地上，还在不停地跳跃。

惊魂初定，你捡起了蝈蝈笼，甚至还抑制住内心的惶恐，想去捡起那只壁虎尾巴。但你的父亲将你喝阻——他是对的，野生动物大都携带着对人体有害的病原体。壁虎的毒性通常很弱，但它毕竟属于蜥蜴的一种，有可能和其他蜥蜴一样，携带一些对你有害的细菌。

这段插曲就此过去，偶尔回想起来，你还是会有一种想大声喊出来的感觉。这的确会让你好受一些，一种叫做去甲肾上腺素的物质此时在你的脑海中迅速增加，你也因此感受到一股莫名的压力。

这似乎有些矛盾，一种让你增加压力的东西居然也会让你感到舒适？

然而，这就是生命。

去甲肾上腺素也是一种神经递质，和血清素一样，既可以在脑内分泌，但也会在一种叫肾上腺的组织中产生。顾名思义，肾上腺就是位于肾脏上部的器官。

去甲肾上腺素同时也是一种激素，调节着你的紧张感受。也就是说，当你感到紧张时，去甲肾上腺素就会分泌得更积极一些，帮助你来应对紧张的局面，也让你感受到压力。

去甲肾上腺素并不是唯一让你产生压力的一种激素。当你身处野外面对各种危险之时，去甲上腺素有着不可替代的作用。

这么说或许还是太枯燥。我们假设，你当时遇到的不是一只壁虎，而是一只老虎，你会怎么办呢？

你的大脑会一片空白，突如其来的危险状况让你的神经系统当即缴械。但你会束手就擒吗？当然不行！你要让自己赶紧冷静下来，开动脑筋，想想还有什么应对的办法。

就在这个紧张的时分，去甲肾上腺素如约而至，让你的大脑从一片慌乱中清醒。你在重压之下，更加专注地去思考自己的处境。

这很奏效。想想看，你能够来到这个世上，是因为你一代又一代的祖先，他们全都活下来了。对你来说，野外遇到老虎不过是个假设，但是你的祖先却真实地经历过这个时期，他们恰恰是因为有着临危不乱的决策才活了下来。虽然我们无法考证他们采取的策略，或许是发现面前的老虎其实早已吃饱，或许点起火把和伙伴们一同赶走了老虎，但是不管是怎样的策略选择，都是在重压之下完成的。

这种紧张的场景在如今的生活中已不多见，但也只是转变成了另一些形态——两个月的暑假只剩最后两天，却发现暑假作业还有一半没写，去甲肾上腺素前来相助；登台表演之前迈不开步，也是去甲肾上腺素不停地鼓励，消除胆怯；电话那头报出一串十几个数字的电话号码，去甲肾上腺素可以让听者集中注意力，迅速记下这些数字，然后很快忘掉；恐怖片让人泪尿俱下，还是去甲肾上腺素维护着最后的尊严。对了，之前谈到条件反射的那条野狗，你和它的相遇，大概可以比拟你的祖先遭遇老虎，去甲肾上腺素肯定也不会缺席。总之，去甲肾上腺素就像是一个深谙辩证唯物主义的哲学家，知道如何让人从紧张中获得快感。

你已经是个很善于思考的姑娘，所以在面对挑战时，一定要先能稳住，找准对手的破绽才行。

到了这时候，你就该爆发出全身的力量，击溃眼前的敌人。你的力量是如此之大，让你自己都吃了一惊。

但是不必如此大惊小怪，这是另一个叫肾上腺素的法宝给你带来的加成。

从名字上你就可以猜得出，肾上腺素和去甲肾上腺素之间存在着联系。的确，它们的结构非常相似，去甲肾上腺素实际上就是肾上腺素的前体，所以，前者可以在身体中转化为肾上腺素。

不过，两者的工作目标却有着显著的区别。如果说去甲肾上腺素可以让你在压力之下找回定力，那么肾上腺素扮演的角色，就是让你把压力转化为动力。

好比说，当你在去甲肾上腺素的帮助下打定主意，决心与猛虎周旋时，你迫切需要让自己的肌肉强大起来，否则，就算是逃跑，

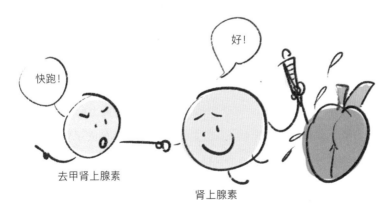

▶ 去甲肾上腺素、肾上腺素

也不过是小幅踏步。身体中肾上腺素的分泌，就像是给你打了一支强心针，肌肉的爆发力迅速达到最大值，甚至突破你原本的极限。

很多运动员会在大型比赛中表现得比平时更优秀，也是因为大型比赛的气氛更紧张，听着山呼海啸一般的"加油"声浪，赛场型选手会在这种场面下分泌出比平时多得多的肾上腺素，由此打破原有的纪录。而在武术、散打这类很容易造成伤痛的比赛中，肾上腺素也可以让人暂时感觉不到疼痛，一心只想赢下比赛。

说肾上腺素是强心针，这其实不是比喻，临床上所用的强心针，通常就是肾上腺素。但是，也正是因为肾上腺素可以刺激心脏跳动，加快心率，所以它也被严格地禁止作为兴奋剂用在赛场上。这不仅是为了比赛的公平性考虑，更是在保护运动员。

对你来说，这也是一个非常重要的启示。尽管去甲肾上腺素和肾上腺素相互配合，可以让你在面对危险时，从紧张的情绪中汲取力量，甚至享受这种滋味，但是过度刺激仍然是一件有风险的事。还有，你应该记住，它们是激素，而非能量的源泉。也就是说，每当它们处于较高的分泌水平时，身体就会兴奋起来，但同时也在透支着身体的机能，让肌肉和内脏超负荷工作。尽管短期内会有很大的收益，但长此以往，人的精神与生理状况都有可能崩溃。

所以，你在练就一身本领的时候，一定要善于调动自己的情绪，既不能松松垮垮，也不能持续紧张，这样你的去甲肾上腺素与肾上腺素才会在更为合理的区间为你服务。每当运动锻炼让你感到疲惫时，不妨停下脚步，稍事休息，喝点饮品，补充水分。

不过，像你现在这样喝水可不对。

3. 不可忽视的渗透压

看得出来，你非常享受散打训练的过程，总是会打得汗流浃背，而且运动天赋极高，各种技术都能稳稳地发挥出来，和你同体重的男生根本不是你的对手。

你也是个勤俭节约的好孩子，总是用保温杯从家里带来白开水，休息的时候尽情畅饮。此时的开水已经降温，变成50℃左右的温开水，喝起来非常舒服。

但是这样喝水，也让你面临一种不可控的风险。

"老马，我觉得这一次你说得不太对，我自带保温杯，可不是因为节俭，而是为了安全。"你有些狡黠地说道。

没错，我知道这是你的母亲对你的关照。在训练场这样的公共场所，自带水杯的确是个好习惯。商品化的饮料在外包装上不容易区分，所以难免会有混淆的问题，说不定你刚喝了半瓶饮料就去接着训练，剩下半瓶就被其他人错拿了。如此混淆带来的后果，显然是有些不太卫生，那些致病菌可能就通过这种方式传播。

但我要说的风险并不在此，而是说，你不应该像现在这样大口大口地喝白开水。

还记得神经系统中矿物质的作用吗？钠离子、钾离子、钙离子，都是你的神经系统中不可或缺的成分。它们若是匮乏了，神经系统的功能就会下降，反应也会变迟钝。

你在挥洒汗水的时候，难免也会抿到几口汗水——虽然这么说会让你感到恶心，但事实上汗液和尿液的成分非常相似，甚至严格来说，刚刚排泄出来的尿液还要更洁净一些。你一定还记得，在没有尿道疾病的时候，新鲜的尿液只含有很少的细菌，但是汗液在分泌时，却已经裹挟了皮肤上的很多细菌。

当然，就算舔舔了几滴汗水，其中的这点细菌也不至于对你的身体造成伤害。借助于苦咸的味道你就不难发现，汗液中含有不少盐分，其中就含有钠离子、钾离子和钙离子，尤其是钠离子。

所以，当你流淌了这么多汗水以后，身体总的来说是缺少矿物质的状态。你随身带着的白开水，所含的盐分非常有限，并不足以补充你损失的矿物质。

你可能会觉得，不管怎么样，喝水起码也能补充水分，损耗的那些矿物质，等到吃饭的时候再从食物里补充也为时不晚？

这道理是成立的，但补充水分却有个讲究。

还是在那一次的乡下游玩，你吃到了特别美味的咸鸭蛋。你的父亲用筷子给你夹了一块腊鸭，逗你说咸鸭蛋是腌鸭子生的——这本是出自《笑林广记》中的一则笑话。你没有上当，只是看着有一些让你感到奇怪的咸鸭蛋。每一个咸鸭蛋都有一块空心的地方，但是这些空心有大有小，有几只鸭蛋空心的地方竟占据了将近一半之多。你是那样地喜欢思考，于是问起一个听上去有些有趣的问题："如果鸭蛋里面只有一半是蛋，那鸭子干嘛还要把蛋生得这么大呢？"这反倒把你的父母给懵住了。

然而这个问题也让你自己百思不得其解。

当你后来看见刚生出来的鸭蛋时就更想不通了：在阳光下观察新鲜的鸭蛋，里面虽然也有一点空心，但是比咸鸭蛋小得多。也就是说，咸鸭蛋和鲜鸭蛋明显不一样，就像是两个物种的蛋似的，难不成你父亲说的笑话是真的？

玩笑之词当然信不得，咸鸭蛋实际是由鲜鸭蛋腌制而成，把鸭蛋放在食盐水里泡上个把月即可。正是在腌制时，鸭蛋变小了。

在鸭蛋壳和鸭蛋清之间，还有一层特别薄的薄膜。它非常完整地包裹住蛋清与蛋黄。如果小心翼翼地把蛋壳敲掉，就会看到一只像是被袋子包裹起来的鸭蛋，蛋清并不会洒出来。

尽管如此，这张薄膜也并没有彻底密封，至少水分子还可以穿透它。但是，对于腌制咸鸭蛋的食盐来说，这层膜就有些麻烦了。

食盐的化学成分是氯化钠，在水中就以氯离子和钠离子的形式存在。当鸭蛋浸入盐水中以后，氯离子和钠离子不太费力就突破了鸭蛋壳——看似坚硬的鸭蛋壳，其实分布了不少气孔，并没有那么致密。但是，蛋壳里的这层薄膜，却像城门一样把它们挡在了外面。

于是，蛋膜内外，一场战役不期而遇。穿过蛋壳的氯离子和钠离子，气势汹汹地撞击着蛋膜；蛋清里的那些分子，也只能硬着头皮迎战。然而，要想不破坏蛋膜就去应战，能够胜任这项任务的也就是水分子。水分子就这样一个接一个地从蛋膜内部走出，与离子们一较高下。

胜败并没有什么悬念，那些水分子没有再回来，于是蛋膜内的各种成分——主要是蛋白质和一些脂类——被不断地压缩，蛋黄和蛋清的体积也缩小了。直到有一天，被冲撞得千疮百孔的蛋膜再也阻挡不了盐分，氯离子和钠离子终于能够缓缓地渗入鸭蛋内部。鸭蛋由此成了咸鸭蛋。蛋膜被攻破的时间并不确定，所以每一只鸭蛋被盐分渗入的过程也不一样。最终导致的结果就是，有的蛋空心大，有的蛋空心小。

像鸭蛋膜这样的薄膜，被称作半透膜。围绕半透膜展开的战役，胜负的关键在于渗透压。

渗透压可以直观地呈现出来。如果把半透膜做成一张平面的薄膜，隔在一只水箱的中间，把水箱内部的空间一分为二，一边放上清水，一边放上盐水，那么要不了多久，清水的一边水位下降，而盐水的一面水位上升，直到两边形成高度差。高水位相比于低水位，会带来更高的压力，这部分压力便是渗透压。

当鸭蛋外的盐水浓度很高时，膜内的水分会不断析出，以至于鸭蛋都脱水变小了。

在你的身体里，同样充斥着很多这样的半透膜。甚至可以说，每一个细胞外层的膜，都可以看成半透膜。如果把你的细胞放在浓盐水里，它的体积也会缩小。所以，那些困在海上等待救援的人，

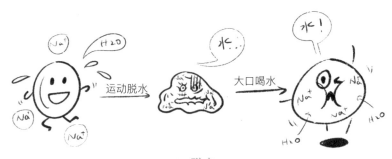

▶ 脱水

无论多么口渴，也断然不能饮用海水，否则海水会提升体液里的盐分浓度，细胞就该脱水了。当然，你的皮肤细胞具有一定的自我保护能力，所以当你下海游泳的时候，并不会感觉自己像是一只正在被腌制的咸鸭子。

这个过程反过来也成立。你应该还记得，因为细胞内部也有一些离子，所以细胞外的体液也都要含有一点盐分，这样细胞内外才能保持平衡。正常情况下，盐分浓度在0.9%左右，所以，若是生病需要输液，就需要用这一浓度的盐水（生理盐水）。如果用纯净水配了药直接输液，血液的盐分很快会被冲淡。于是细胞外的盐分比细胞内更少，细胞就会吸水膨胀。

对于一般的细胞而言，彼此挤在一起，就算膨胀也不显著。但是，对于血液里的红细胞来说，由于处在流动的血液之中，膨胀起来没有边界，那么最坏的结果，就是红细胞吸入太多的清水，撑破细胞膜。

此刻再想想喝水的情景，你大概也会觉得有些后怕了吧？清水会立刻冲淡血液中的盐分。红细胞迅速涨大。剧烈出汗以后，身体严重脱水，口渴是最直接的体现，然而因为喝清水而招致生命危险的人并不少见。即便是正常状态，要是一口气喝下太多的清水，也可能引起水中毒。你还算节制，但喝得快了，偶尔也会头晕。

你有很多种办法来避免这种情况，但是最好的办法莫过于直接喝一点含有少许食盐的水。那些琳琅满目的运动饮料，内核也就是其中的盐分，只是帮你预先调配好了而已。

总之，你不能对渗透压视而不见，毕竟你的运动生涯才刚刚开始，还有很多挑战需要面对。

4.更衣室里的秘密

当你完成训练以后，就该去更衣室冲洗一下，换身干净的衣服了。你的母亲早就给你准备好了衣服，同伴热情地邀请你一起去，但你却扭扭捏捏，似乎有些害羞。

你终于鼓起勇气问了出来，"老马，问你个事，为什么出了汗以后，身上会这么难闻呢？"

原来，你是因为这事感到尴尬，才不想和他们一起去更衣室。

你涨红了脸，小声说道："可不是吗？刚才偷偷闻了一下腋下，快把自己熏死了，我都不知道这是不是狐臭，要是冲不掉多难为情啊？"

其实，你多虑了。

出汗必然会带来汗臭味，这不以人的意志而转移。你训练十分刻苦，汗腺又非常发达，出汗量大，异味自然也就更重一些。

当你还在襁褓里的时候，我就对你说过，全身排汗的策略，是我们人类在数百万年的演化中获得优势的重要原因。当你的祖先奔波在非洲草原上时，每天面临的最大威胁就是饥饿，当然还有猛兽的追击。人类的皮肤仅有很少的毛发，皮肤上发达的汗腺让几乎每一寸皮肤都能参与排汗。

高效率地排汗，可以让体温快速下降。想想看，早期的人类在追逐猎物的时候，体温会上升，体内的各种化学反应因此加速。如果体温一直上升，过热的身体就像冷却系统出了故障的发动机一样，最终将会发生系统性崩溃。

但是，人类通过出汗快速降温，就可以实现更长时间的跑动。也许猎物在一两分钟内就将身后追逐的猎人甩得远远的，但坚持不懈的人类却能够慢慢地追上来。此时，喘着粗气的猎物不得不重新爬起来，用力再跑上一段。用不了几个回合，猎物就再也爬不起来了，面临两难选择：就此躺倒和继续奔跑。就此躺倒，它们会成为猎人的晚餐；可它们的体温实在太高，继续奔跑也还是会要了它们的性命。更要命的是，猎人若是感到体温过高，只要稍停一会儿就能重新上路。

反过来，当猎人被猛兽追击时，也只需要逃过最初的几分钟，就能让自己活下去，因为那些捕食者的极限时间也不过如此。

就这样，凭借着跑不死的精神，人类运用智力以外的长跑技能，在这个地球上站稳了脚跟。直到现在，你也经常会看到城市里上演的马拉松比赛，运动员可以连续跑完42.195km的距离，最快的纪录甚至还不到两个小时。然而对绝大多数陆地动物而言，一天的行程也很难突破这个距离。

因此，擅长耐力运动的我们，不可能离得开这些汗液。

汗液中除了盐分以外，也含有一些蛋白质和脂肪及它们分解后的产物，其中有些成分会有些气味。特别是不饱和脂肪，在空气中被氧化，产生一股变质油的气味。

不过，比起后面的事情，这根本不算什么。

正如我已经告诉过你的，汗水会将皮肤上附着的细菌冲刷下来，这反倒给细菌送来了食物——它们和你一样，对蛋白质与脂肪念念不忘。皮肤表面细菌的种类非常丰富，常见的乳酸菌、白色链球菌、金黄色葡萄球菌、铜绿假单胞菌之流。顺着你汗液分泌出来的各种营养成分，让这些细菌大快朵颐，然而它们洋洋得意之余，也留下了一个烂摊子。

汗液中的蛋白质，被这些细菌分解出了胺类物质，而在我们的嗅觉系统中，这类物质会被判定为腥臭味。海鱼之所以让人感到有腥味，也是因为它们富含蛋白质，容易给细菌留可乘之机。有一些蛋白质中还富含硫元素，那是一种常常与地狱联系在一起的化学元素。当然，你不用害怕，硫元素本是生命不可缺少的元素。它的脾气有些古怪，经常会在火山喷发的时候跟着火山灰一同漂浮。它浓重的臭味又会让人感到有些恶心，乃至有些地狱般的感觉。被细菌盯上的硫元素，不免也会像火山里的那些同伴一样，释放出一阵又一阵的异味。

脂肪也难逃细菌的魔掌，而细菌钟爱的对象，依然是不饱和脂肪，经过它们代谢以后，就会产生阵阵腐臭味。

所以，现在你应该明白，当一个人出汗以后，身上有臭味实在是太正常不过了。

退一万步说，即便腋窝下出现了所谓的狐臭，也无须过分担忧。

狐臭通常发生在腋下，所以也被叫作腋臭。除了腋下，肚脐、耳孔之类的地方也难免有异臭。

腋下之所以容易出异味，其实还是细菌在捣乱。腋下的汗腺比其他部位的汗腺更大一些，所以被叫作大汗腺。从功能上来说，大汗腺也和普通汗腺不太一样，从这里冒出的体液，与其说是汗，还

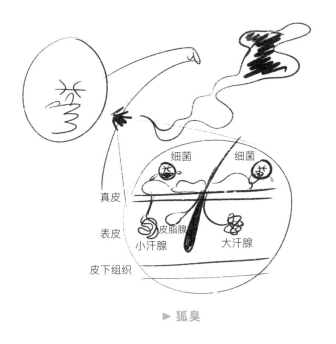

▶ 狐臭

不如说是油。如果这时候再有点什么葡萄球菌，臭味便显现出来了。

那些患有狐臭的人，大汗腺分泌的油脂比别人更多，也更容易遭遇细菌的袭扰。这通常是遗传疾病，要想根治的确不易。但是，想要抑制住细菌的生长繁殖，让狐臭并不那么显著，却也没有那么困难。

在你用来更衣的手提小包里，放着母亲为你精心准备的沐浴用品。不妨翻看一下沐浴露的成分表，但凡其中出现了对氯间二甲苯酚、三氯卡班之类的字眼，就能说明这种沐浴露具有消毒杀菌的效果。

这类沐浴露中最主要的有效成分——表面活性剂——可以帮你清除身上的那些脏东西。随汗水分泌出来的蛋白质、油脂，还有那些细菌风卷残云后留下的臭味残渣，全都可以被洗刷干净。不止如此，那些杀菌的成分也没闲着，三下五除二就帮你摆脱了那些细菌，让你在接下来的一段时间里，不会再受到汗臭味的困扰。此外，沐浴露里还有一些香精。待你洗完之后，身上不仅不再酸臭，还多了一点花香或者果香呢。

对于那些被狐臭困扰的人来说，如果能够长期坚持对腋下等特定部位进行杀菌，也可以将细菌的数量控制在比较低的水平。这样一来，这些人的狐臭虽未能被根治，却也不至于在公共场所过于尴尬。当然，如果不能坚持，也还可以通过手术的方式，将排放油脂的大汗腺切除，从源头解决狐臭问题。也许这样做还不够彻底，甚至还会复发，但心情总算能够轻松许多。

其实，对你来说，在洗澡的时候更应该注意的是洗浴用品的酸碱性。我们每个人皮肤的表面，天然就呈现弱酸性。这样可以形成一道屏障，把很多对你有害的细菌阻挡在外面，从而让皮肤免遭损伤。如果你的皮肤表面变成了弱碱性，皮肤的保护层就会遭到破坏，一有风吹草动，免疫系统就可能敏感地做出反应，给皮肤留下印记，比如红肿或瘙痒——你一定还记得，这种现象就是"过敏"。

在过去，碱性的肥皂曾是主流。人们总是觉得，用肥皂洗过澡之后，身上特别干爽。殊不知，这正是皮肤表面油性的保护层被破坏后的缘故。相反，你现在所用的沐浴露，倒是呈现弱酸性。洗完之后，你的身上也许还有些滑腻感，但你大可以放心，这对你而言其实更安全。

所以，尽管运动后的异味让你有些难为情，但你大可以放心，等你洗完澡重新换上干爽的衣服，身体的异味就会消失。

5.充实的一天

"老马，不是我说你，你一说到兴头上，好像就会忘了一些重要的事……我这就要进女更衣室了！"

嘻，还真是，这是你和其他女孩的专属领地了。刚刚拉你一起走的女孩，又在里面喊起了你的名字。

对你来说，这一天似乎还是相当充实。不过，还有一个你可能不太乐意听到的消息正在等着你。

但是，这又是一件在你的余生中始终不能放弃的事情，所以我不得不和你好好聊一聊。

Chapter 11

学习：精神与思想的阶梯

第十一章

1.好好学习，天天向上

不知不觉，你已经参加了十余次开学典礼了。相比于运动带给你的纯粹欢乐，学习生涯经常会让你感到有些局促。有时候，你感到学习起来很轻松。不管是什么圆周率还是《将进酒》，像是跳进你的脑袋里一般，令你几乎过目不忘。你甚至还记住了一首打油诗："山顶一寺一壶酒（谐音3.14159）……"可是，也有些学习内容让你感到吃力不讨好，比如绘画的时候，你总是没法区分玫红和粉红，以至于画出来的荷花看起来像是变异了一般。

知识学习的天赋远不如运动的天赋那么直观。当你训练了几次散打之后，教练就能判定你是否是个不错的苗子；然而，你在学校里学了那么多科目。每一个科目的老师似乎都夸过你学得还不错。可你就是没有信心，也不知道自己到底擅长什么。

这也许是因为，一个人的身体状况有很多外在的表现，比如肌肉是否足够发达，或者身体平衡是否协调。通过个人外在的情况，大致就可以据此找出这个人能够挑战的领域。但是，大脑的工作方式却没有那么直观。对于那些需要大量动用脑力的知识，不管是科学还是艺术，我们都找不到合适的评价体系。

这似乎有些让人绝望，我们也许需要花上很长时间去寻找自己的大脑适合从事哪项工作。有些人运气不错，从小就找到了自己的天赋所在，经过刻苦培训以后年少成名；有些人运气差一些，虽然历经坎坷，但也总算找准了自己的路；还有一些运气更差的，一辈子都在努力，却被短暂的寿命一拳击倒，带着遗憾结束了人生。

有人说，我们可以从大脑中找到答案。人的大脑分为两个半脑，分别为左半脑和右半脑。每个半脑上又有不同的区域。因为神经系统的连接方式，左右侧身体的活动会和相反半脑的关联更紧密。通俗来说，就是右边身体受左脑影响更大，反之亦然。

这一现象引起了不少研究者的兴趣。人的左右手灵活程度天生就有差别：多数人习惯用右手，被称为右利手；少数人习惯用左手，被称为左利手，也就是所谓"左撇子"；还有更少的一些人，对左右手的偏好天生没有区别，只是在生活中，逐渐选定了自己的惯用手。也就是说，不同的人，左右半脑的发达程度有差异，那么是否就可以通过寻找脑部最发达的区域，找到一个人最擅长的学习领域呢？

很遗憾，这方面的研究虽然很多，但是从科学角度而言，并没有明确的证据能够佐证这些结论是可靠的。那些在某个领域有杰出贡献的人，其脑部也没有哪个特定区域异于常人。所以，从大脑的结构推测擅长的领域，就像体育教练那样从某部位的肌肉状态推测擅长的运动，就现在来说还是一件徒劳的事。

对此，你不得不经历一段茫然的时期，别管"路漫漫"有多"修远"，你都要"上下而求索"。

你呆呆地看着我，若有所思地说："我知道了，你的意思就是我们教室里挂着的那八个字……"

"好好学习，天天向上！"我们异口同声地说道。

2.微量的锌元素

对于学习而言，有些化学知识可以用得上。其中有一些，在你很小的时候，你的父母就已经了然于心了。

你的母亲经常夸奖你，吃东西的时候总是不挑食。与其说这是你的好习惯，倒不如说是她在挑选食材时的精心搭配。长久以来，我都还没有和你讲过微量元素，而现在就是一个很恰当的机会。

我们人类虽贵为万物之灵，但是从物质的角度来说，没有什么与众不同的地方。在达尔文提出进化论的思想时，仅仅是"人类与其他生物来自同一个祖先"这样的想法，就已经遭致无数非议，那些保守的教会不允许科学家挑战"上帝创造人"这个信仰。即便抛开宗教的原因，我们每个人或多或少也不愿意真的发自内心地去承认众生平等。然而，事实比达尔文的假说更冷酷，我们不仅和蝼蚁之间没有什么本质区别，甚至和生物圈以外的非生命体，也没有什么必然的界限。

证实这一点的是德国科学家维勒。在一次不经意的实验过程中，他用两种不需要从生命体中提取的物质（氰酸和氨水），出乎意料地合成出一种在当时被认为只有生命体才能分泌出来的物质——尿素。

这的确很让人吃惊。正如你所知，尿液与汗液中都含有尿素。尿素是我们人体将蛋白质代谢以后产生的东西。浪漫的化学家们把尿素这类的生理物质划分到"有机物"的类型，剩下那些就归属于"无机物"了。用化学的语言描述，有机物是绝大多数含有碳元素的物质。有机，就是生机勃勃的，而无机，自然就是死气沉沉的了。

自维勒以后，有机与无机的界限不断消失。人们终于理解了一个重要问题——我们这个生命体中的所有物质，本质上都来自于那些毫无生命迹象的原料。

从这个角度，"生命是什么"的经典问题有了一个意料以外却又在情理之中的答案，这也是咱们这本书的主题：从出生之前到离世之后，人体本身就是一个巨大的反应容器，从环境中汲取二十多种必要的化学元素，转化为自己的一部分以维持生命——所有这些元素都可以从元素周期表上找到，并没有什么特别的地方。它们只是经过了特定的组合，才让人类看起来如此与众不同。

这二十多种元素，按照它们在人体中含量的多寡，以铁元素为界又被划分成两大阵营。含量高于铁的11种元素，碳、氢、氧、氮、磷、硫、氯、钠、钾、镁、钙，被称为常量元素，构成了人体的主要结构。含量比铁更低的元素，加起来也不足身体总重的0.1%，被称为微量元素，其中有十余种是身体必需的。至于铁元素，虽然在人体中也不及万分之一，但比其他微量元素高出一截，故而也被叫作半微量元素。

你刚开始呼吸时，就已经得到了铁元素的帮助，在你成长的这十几年里，铁元素对你的呵护依然有增无减，让你对各种食物都充满热情，不会挑食。

微量元素

常量元素

▶ 微量元素

除了铁，让你不挑食的还有锌这种微量元素。在人体中，它的含量是铁元素的一半左右，却足以让你的味觉更敏感。换言之，若是你从食物中摄取的锌元素不够，那么说不定吃什么都会感觉没味道，食欲自然也不会太好。

对于不善言辞的婴幼儿来说，这种感受会让身体与心理都受到煎熬。于是，不能被食物满足的大脑，开始对一些并不适合作为食物的东西感兴趣，比如唾手可得的手指甲。特别是自己粉嫩的小手，和乳头有些相似，吮吸起来尤为熟练。渐渐地，咬指甲就成了一种习惯。

如果此时缺锌的问题还得不到解决，那么咬指甲还只是开端，大脑会寻觅更多的刺激。别说是一些可以被咬动的，就是像玻璃这样的硬家伙，也要砸成碎片以后尝一尝，当成饼干一样果腹。

到了这种程度，孩子就已经算是异食癖了。缺铁或缺锌正是异食癖最主要的原因。对于那些还没严重到这一程度的孩子而言，挑食就是缺锌造成的典型外在表现。

然而缺锌给身体带来的内在变化还不止于此。智力发育缓慢同样会是缺锌的后果。

锌有着"智慧元素"的美称。这让很多人都坚信，只要给孩子及时补锌，就可以提高孩子的智力水平，让孩子变得越来越聪明。

然而这个雅称颇具迷惑性，它让锌元素看起来就像是童话故事里偶遇神仙而获取的什么灵药仙丹，吃了以后就能羽化升仙，但实际上它的作用只是消除了智力发育的封印。

在实际案例中，让缺锌的儿童补上这块短板，智力水平会得到显著成长。对于那些并不缺锌的儿童来说，过多的锌元素并不能让他们变得更聪明。实际上，到现在为止，人类也还没发明出任何一种所谓的"聪明药"。也就是说，一个人聪明程度的上限并不会被改变。依靠锌元素提高学习成绩也只能适可而止。

所幸的是，过多补锌，倒也不会对身体造成明显的伤害。而且，锌元素也不只是大脑发育才用得上。你的神经系统、免疫系统和生殖系统，同样离不开锌元素的大力支持。

比如，有个和你一起练习散打的同伴曾对你说，自己除了训练什么也不爱，只要一坐到教室里就待不住。直到后来，他的父母带他去检查，医生给出了多动症的诊断。多动症是一种神经发育方面的疾病。患有此症以后，注意力很难集中，行为也更容易冲动。不少男孩在幼年时期都会遭受这种困扰。

多动症受到遗传因素的影响很大，可能并没有太多的防治办法。从微量元素的角度观察，补充锌元素倒不失为临床上治疗多动症的一种手段。在中东这个传统上缺锌现象比较普遍的地区，这项研究目前已经得到重视。

但是在中国，缺锌问题并不严峻，这得益于土壤中相对丰富的含锌量。正如前面所说，这些自身并没有生命力的锌元素，会被草根、细菌所吸收，成为生命的一部分。在食物链这个庞大的网络中，锌元素被一级又一级的捕食者获取，并最终通过食物进入到你的体内。

而你的父母，总是不敢在食物选择方面掉以轻心，经常给你准备海虾、牡蛎之类的食物。这些食物都富含对你来说至关重要的锌元素。

有了它，你的智力水平没有被压制，你的学习习惯也保持得不错。不管是你自己还是你的父母，对此都感到无比欣慰。

"可是老马，你知道吗，我觉得我是挺热爱学习的，但有的时候，学习起来真的不快乐！"

我知道，这正是我要说的另一个事情。

3.多巴胺

我已经和你聊过，我们人体就是一个化学反应的大熔炉，所有的生理活动，归根到底都离不开一些化学物质的作用，所以，学习生涯究竟是愉快还是痛苦，同样与此有关。

你已经知道血清素，它可以让你在白天拥有更好的精神。你也已经知道去甲肾上腺素和肾上腺素，它可以让你从紧张的情绪中获得更集中的注意力与更强的力量。在你开动脑筋，应对学习中的难题时，它们也在发挥作用。比方说：你在上课的时候打起了瞌睡，老师突然叫你的名字，并让你回答问题。在这声并不激烈的点名之下，你体内的去甲肾上腺素会突然上升，原本和你一起开小差的血清素也会陪你一起兴奋起来，回答问题时肾上腺素也会上升。

正所谓塞翁失马，焉知非福。这样一次打瞌睡，在这些神经递质的一番操作之后，反而让你收获更多。但是，在这个过程中，你并不感到快乐，这似乎少了点什么。

于是，一个全能型的快乐之源正在你的脑内蠢蠢欲动。它叫多巴胺，早就是你的好朋友。几乎每一次当你开怀大笑的时候，它都是亲历者。此刻，你非常需要它给你带来快乐。

而你的老师似乎已经看穿了这一切，在你正确地回答完问题后，和蔼地表扬了你，还十分关怀地跟你说道：别累着自己，要注意劳逸结合。

就是这样一句并不刻意的暖心话，让你的全身感到一阵暖流。古人早就已经发现这个现象，并精辟地总结道："良言一句三冬暖，恶语伤人六月寒"。但他们未曾知晓的是，这冷暖并非是体感温度，而是出自大脑对于良言或恶语的判断：暖流即是快乐，寒流即是痛苦。

而大脑判断的形式，就是分泌出多巴胺这个神经递质。听到夸赞更容易分泌多巴胺，身心便会特别愉悦；听到批评则分泌去甲肾上腺素，身心便会感到紧张。

无论愉悦还是紧张，这些神经递质都会奔赴到大脑中一个叫海马体的部位，在那里与它们各自的受体结合，完成化学反应。海马体是大脑中主管记忆的关键区域，相当于电脑里的内存。每当多巴胺踩着愉快的鼓点或是去甲肾上腺素风风火火地赶到海马体这里时，海马体就会留意此时的信息，并把它们记下来。这也就是为什么你在受到表扬或批评时，脑海中的印象会得到加深。

但是，多巴胺和去甲肾上腺素终究还是有一些区别的。在去甲肾上腺素的重压之下，海马体虽然完成了记忆，但也只是短时记忆，就像是时间紧迫时写下的字条一样，并不容易转化为长期记忆。多巴胺就不一样了，海马体在它的鼓舞下，如沐春风，不仅留存了记忆，还把记忆转给了大脑皮层——如果海马体是内存条，那么大脑皮层就是硬盘。大脑皮层可以有效地将一些场景或知识保留下来，供你长期调用。

所以你现在不难明白，学习不应该只在压力下进行，更需要感受其中的快乐，这样才能兼顾效率与成果。

然而多巴胺在你学习过程中的意义并不止于此。

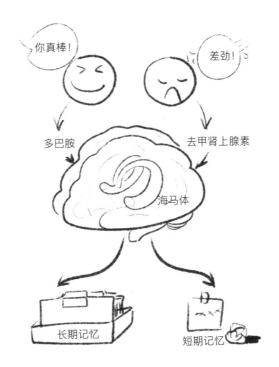

▶ 多巴胺海马体

　　既然分泌多巴胺就是令你大脑及全身感到愉悦的奖励机制，那么这个机制就应该得到充分的利用。事实上，你的大脑就是这方面的高手，非常懂得适时奖赏。

　　你还记得有一次你央求父亲带你去游乐园吗？那是位于上海的主题公园，规模堪称亚洲第一。别说是你了，就连你的父母都压抑不住内心的好奇想要一睹为快。可是要想带你一起去玩，他们就要请假好几天，这让他们很是为难。于是，你提出了一个有些老套的主意，和他们打赌：如果你在暑假来临前的期末考试中，考出的成绩比期中考试进步20分以上，那他们就奖励你，陪你一起去游乐园。

在那之后，你刻苦努力地学习，不肯耽误每分每秒。有时，你怕爸爸妈妈忘了这件事，还旁敲侧击地提醒他们。当然，你自己更不可能忘掉这事了，经常在睡觉之前还遐想着游乐园里的场景，嘴角流露出一丝笑容。到了成绩公布的那一天，你怀着忐忑的心情，揭开了成绩单——"啊，我能去游乐园了！"你甚至根本没有顾忌到在场的其他同学，喜悦的心情溢于言表。

当然，相比于游乐园里的那两天，这点快乐已经算不上什么了。你拉着爸爸妈妈，一会儿去坐过山车，一会儿又去和那些童话里的角色照相。而他们却仿佛跟不上你的脚步，不住地叹气："咱家这丫头真是传说中的超长待机，有着用不完的能量……"

其实，比你更"超长待机"的，就是你大脑中的多巴胺奖励系统。

你的脑海中第一次闪现出用考分换游玩的念头时，就已经出现了愉悦感。不消说，此轮多巴胺奖励机制正式启动。

在你知晓成绩的那一刻，快乐也随之而来。毫无疑问，在目标达成的时候，你也会收到一份多巴胺大礼。

等到最终的奖励兑现时，多巴胺也会和你一起狂欢，这无疑又是一次奖励。

但实际上，在这段时间里，你获得的快乐奖励远不止这三次。每一次和父母确认"赌局"的时候，每一次为这个目标努力的时候，每一次幻想自己坐在旋转木马上的时候，你也都会获得多巴胺奖赏。尽管学习还是有些枯燥，甚至有些痛苦，但是因为你设定了目标，大脑就不会辜负你，一次又一次地让你感到快乐。

可是如果你对自己没有清醒的认识，这种办法很可能并不奏效。

就像你因为自己的绘画水平而感到焦虑，对着《蒙娜丽莎的微笑》，发誓要在一个月内模仿出来。但是一个月来，你除了留下一张张破烂的画纸以外，只收获了一个糟糕的心情。最后，还是你的父亲慢慢地开导你，和你讲起了课本里的《画鸡蛋》。

你顿时明白了：就连达·芬奇这样伟大的画家都要从鸡蛋开始画起，自己又何必太着急呢？于是，你决心再用一个月画三十个鸡蛋。

接下来的每一天，你都要找出一个真鸡蛋，对着它描绘一番。居然就在这一番光影摇曳之间，你突然明白了如何运用色彩，准确地给鸡蛋上了色。不用说你就明白，久违的多巴胺奖励又回来了。

所以，多巴胺就像是你的宠物。每当它出现的时候，你就会从中收获快乐，但前提是你要学会如何召唤它。

另一方面，就像你偶尔也会被宠物伤到一样，多巴胺也可能伤人。当大脑中多巴胺分泌过多以至于不受控制之时，人的行为也会变得不受控，这可能会引发癫狂的举动。

你早就读过《范进中举》的故事，参加多年科举却未曾考中举人的范进，在得知自己这一次居然成功之时，一时未能抑制住自己的情绪，发疯了。若是要给这种因中举而发疯的故事增添一点科学的解释，那么发疯大概率是多巴胺过度分泌而引发精神分裂。

所以，善用多巴胺分泌带来的奖励机制，你可以在学习中获得取之不尽的快乐奖励。但是，如果不能控制它，那说不定也会反受其害。

4.最爱苦咖啡

不知不觉，你的学习生涯已经来到高考前的100天，这似乎算不上什么值得庆祝的日子，但是学校上上下下还是充满了热闹的气氛。誓师大会让即将参加考试的每一个人都紧绷起神经，那些低年级的同学也纷纷为你们鼓劲加油。

"老马，你总说，快乐应该节制，那痛苦呢？"你嘟囔地问道。

这个问题让我有些诧异，是什么让你感到痛苦了吗？

"我最近迷上了苦咖啡，每天晚上，只要喝一些苦咖啡，就会更清醒，学习也更有劲头了！"然而，你的口气听起来却有些慵懒，并不像"有劲头"的样子。我有理由相信，这与你喝了太多的咖啡有点关系。

实际上，你不只是爱上了咖啡的苦，而且还对很多苦味的食物开始感兴趣，饮食嗜好都发生了变化。

你还记得，父亲经常在家招待一些朋友聊天，为此还专门重金买下一套喝茶的装备，特别是那台用鸡翅木打造的茶桌，如今已成为客厅最显眼的家具。尽管每次泡茶都费时费力，但你的父亲却乐此不疲。"这是工夫茶，当然是要花点工夫去泡了才够味！"他经常这样和客人们讲述自己的品茶经。

但是一直以来，你却觉得这不过是一套形式大于内容的繁琐客套。特别是当你小时候曾从父亲手里接过一只装有上等祁门红茶的紫砂杯以后，这种感觉更加强烈。原本你只是想喝点水解渴，可是红茶的厚重气息猛冲到你的鼻腔，而你焦急地饮下一口时，却又被茶汤烫到了双唇与舌头。

看着你的窘态，父亲甚至什么都没有说，只是自顾自地端起自己的杯子，左右晃头吹起茶汤，闭上眼睛，慢慢啜饮了一口，接着又放下杯子，回味良久，仿佛整个世界都和他没了关系。

你若有所思，学着他的模样，试图品出茶香，可舌头给你传达的信号，却仅仅是苦味而已。

父亲说，你还没有到品茶的时候——没有尝过生活的苦，又怎么能坦然面对茶水的苦？

或许他是对的，因为如今当你再看到他泡工夫茶的时候，甚至会主动拿起自己专属的茶杯，请他把刚泡好的热茶添到里面。

不止如此，你还在书包里偷偷地藏了几块黑巧克力。上自习时吃东西当然是不被允许的行为，可是为了抵御强烈来袭的瞌睡，你也顾不上太多，因为一口醇苦的黑巧克力就可以让大脑保持清醒。这也不同于你小时候的癖好，那时候你更喜欢吃的是含奶量比较高的巧克力。

此刻，你似乎已经感觉到了什么是生活的苦。高考100天倒计时开始后，你每天都不得不学习到深夜，强烈的紧迫感压得你苦不堪言。

你渐渐地理解了父亲传授的人生哲理——如果生活已经很苦，再去品味这些苦味的食物，就不会觉得那么苦，甚至还能为舌尖那种苦尽甘来的奇妙感而着迷。

然而，从化学的角度来说，你的身体却给出了另一个答案。

你可能还记得，味觉系统能识别出令人不悦的苦味，这是生命体演化出的一种本领，由此可以避免不小心吃到有毒的食物——毕竟在野外，不少有毒的植物都含有苦味的成分。

如果因为生活的苦就让你变得嗜苦，那么你的身体将会处于非常危险的境地。所以，并不是所有的苦味你都可以坦然接受。也有不少中老年人对这些食物毫不介意，这是因为随着年龄的增长，他们的味觉系统变得有些迟钝。苦味不仅不会让他们感到太多痛苦，反倒能够提升味觉的敏感度。

至于咖啡、红茶和黑巧克力，它们给你带来的苦味，很大程度都源自同一种成分——咖啡因。

从名字你就不难猜到，咖啡因最初得名是因为它是从咖啡中提取而来的。但是后来人们才发现，包括茶和可可在内的很多植物都含有它，而人类饮茶或食用可可的历史并不比喝咖啡的历史短。可可成就了后来的巧克力，以至于在英语中，巧克力一词依然可以看出可可的痕迹。通常来说，巧克力的颜色越深，代表其中含有的咖啡因也越多。

对人体来说，苦味的咖啡因也是有毒的，只不过毒性并没有那么强。但是从人类至今还保留着对它的示警能力来看，身体对它的解毒能力也可能是通过长期演化而来。相比之下，对于那些很少以植物为食的猫狗来说，哪怕只是误食了一颗巧克力，都有可能遭遇生命危险。

咖啡因让人体感到兴奋，恰恰也是因为这种轻微的中毒感。

在人体中，有一种叫腺苷的物质参与着很多生理过程，它由腺嘌呤与核糖结合而来。在此之前你也已经简单知晓了三磷酸腺苷与环腺苷酸的作用。三磷酸腺苷与环腺苷酸都是腺苷的衍生物。腺苷如此重要，以至于你的神经系统也布置了腺苷受体。一旦神经系统有腺苷停靠，腺苷受体就可以做出响应。

人的睡眠机制也受此调控。当你的身体已经很疲惫的时候，腺苷分子会与神经系统的腺苷受体结合，传达睡眠的指令。于是，你开始犯困，顾不得现在的日夜节律，只要此时没有外界的打扰，就能够顺利进入睡眠状态了。

然而，突然闯进身体的咖啡因让这套流程出现了不确定性。咖啡因属于一类叫黄嘌呤的物质。你的身体并不能准确地将黄嘌呤和

▶ 咖啡因

腺嘌呤区分。于是有些咖啡因阴差阳错地和腺苷受体对接上了，占据了腺苷的"泊位"。如此一来，在这些咖啡因脱落下来之前，腺苷受体都不能接收到腺苷传达的信号，睡眠进程自然也就被耽搁了。

如此一来，要是你感到身心俱疲但还没困到睁不开眼的时候，喝上一杯富含咖啡因的咖啡或浓茶，抑或就是吃一颗黑巧克力，咖啡因就会抢在腺苷发挥作用以前让你提神醒脑。不过，如果腺苷与腺苷受体之间的连接已经完成，你已经进入半沉睡阶段的时候，那咖啡因也已无能为力。

毫无疑问，咖啡因的提神作用，是因为它钻了空子，骗过了身体的识别系统。在它发挥作用的同时，也不免带来其他反应，比如心跳加速。

好在咖啡因在身体中每四到五个小时就会衰减一半，最终被肝脏代谢，并流经肾脏随尿液排出身体。这种机制，确保了你身体中的咖啡因不会累积，不至于被它毒害。尽管如此，每天摄入的咖啡因都需要控制在合理的范围内，最好不要超过200mg。若是喝得太多，即便不考虑中毒问题，咖啡因剥夺了你的睡眠后，你的身体得不到充分休息，长此以往也会让你的健康状况堪忧。所以，你问我痛苦是不是也需要节制，答案也是肯定的。

更何况，咖啡因给你带来的"痛苦"，本身也是一种"快乐"。不同于腺苷与腺苷受体的严丝合缝，当腺苷受体结合了咖啡因以后，居然巧合地留出了多巴胺停靠的空间，那些游离失所的多巴胺就顺势来到了腺苷受体的旁边。虽然此举并不会增加体内的多巴胺，但是你的身体还是会因此感觉到愉悦。正是这种愉悦感，会让人对咖啡因形成精神上的依赖，说是上瘾也未尝不可。

但是不管怎么说，对于努力学习的人来说，咖啡因可以算得上是非常不错的朋友，毕竟，同样是为了提神醒脑，喝咖啡可比"头悬梁、锥刺股"的古方要好出千倍万倍。只不过，当你挑灯夜读的时候，若是困意袭来，不能无节制地依靠咖啡因支撑下去。适当的休息不仅能让你的身心得到放松，还能让你的学习更有效率。

5.决定了！

你听咖啡因的利弊时，脑海里究竟在飞速地思考着什么。

"老马，我决定了！"思考良久，你终于说话了。

我想知道你决定了什么。

你斩钉截铁地说："高考结束以后不是要填志愿吗？我决定去报考警察学院！"

这倒是出乎了我的意料，但你的解释却又非常合理。

当我告诉你长期过量摄入咖啡因会让人上瘾时，你一下子就想到了毒品。让人欲罢不能的咖啡因，还不至于带来什么不可挽回的后果。然而毒品却摧毁了很多人的身体，撕碎了家庭与社会，甚至还让一些国家陷入混乱。

"老马，你看我练了这么多年散打，去当个缉毒警是不是很酷？而且，虽然我化学成绩不怎么样，但是有你在背后参谋，抓住那些毒贩，量他们也没法抵赖！"你很是憧憬，甚至还预谋拉我一起入伙。

可是，你要知道，缉毒警是个特别危险的职业，你真的想好了吗？

"老马，别以为我不知道你的心思，缉毒警不也是你曾经的梦想吗？你怕危险不敢去，可我是你创作出来的角色，你不该让我帮你实现这个梦想吗？"

我根本找不到反驳的理由。既然如此，我们就一起下定决心吧！

第十二章

恋爱：点燃爱的火焰

1.完全不一样的生活

你如愿地考入了警察学院，开始了一段新的生活。和很多人的生命轨迹一样，这是你第一次离开父母，换到另外一个城市里生活。

初入大学，几乎每件事情都让你感到新奇。从此之后，每一件事情你都要学会自己独自处理。

你会驻留在校内的公告栏前，查看近期的讲座预告；你会约上三五室友，一起去采买必要的生活物资；你会每天洗衣服，隔三差五地晾晒被子；你会在生病之后，自己前往校医院找医生诊疗……

没过多久，你就已经从一个父母身边长不大的"孩子"，变成一个诸事皆由自己掌控的成年人了，而你所学的专业又让你的独立意识远远地超出了同龄人。

只是偶尔当你仰望夜空的时候，看着月亮的阴晴圆缺，也会感到些许的孤单。

终于，有一天你鼓起勇气，和我说起了埋藏在心底的秘密："老马，你知道我来到警察学院，还有什么好处吗？"

听你的口气，我已经猜到半分，但没有点破。

"在这里，有很多帅气的小哥哥，我突然又相信一见钟情了！"

没错，你已经陷入了爱情的漩涡，这是好事，它完全符合你现在的生理发育阶段。

2. 一见钟情的物质基础

说起来你可能不信，一见钟情，并不是什么让人捉摸不定的情感。它与所有情绪一样，有着特定的物质基础——这一次发挥作用的神经递质叫作苯乙胺。

你的梦想是当一名缉毒警，那么在你未来的工作生涯中，还会多次和"苯乙胺"这三个字打交道。如果没有任何前缀，苯乙胺代表的就只是一种非常简单的分子，常被简写为PEA，会在身体内自然分泌，并让你感到一阵迷乱，心跳加快，面色红润，对眼前的人或景产生别样的依恋。它也可以由人工合成，服用后同样会产生类似的作用，通常用来治疗精神疾病。从结构上看，那个经常让你感到无比愉悦的多巴胺，也是苯乙胺的衍生物，因此，你的身体安排苯乙胺这种物质来射出"丘比特之箭"，似乎也在情理之中。

然而，如果给苯乙胺仔细包装一番，比如接上几个其他的原子，变成4-溴-2,5-二甲氧基苯乙胺，那它就不再是那个有爱无害的苯乙胺了，而是一种被称为"爱神"的致幻药——它也有让人一见钟情的本领，却是你未来可能缉捕的目标毒品。

从这个角度来说，"爱意"这种东西的确是可以被制造出来的，只不过我们人体选择了一种相对最安全的分子。

在生命里，你会经历很多次"一见钟情"。你甚至无法准确地回忆出，谁才是那个让你第一次怦然心动的人。没办法，一见钟情并不总是与爱情有关，它只是会让人萌生爱意，而这两件事并不等价。所以，你第一次体会到苯乙胺的重要性，并非是因为你自己，而是因为你母亲的体内分泌了苯乙胺。

有那么一天，你也将体会为人母的辛苦，光是夜间哺乳，就比你学习时受过的苦要艰巨得多。你的母亲如何心甘情愿地将你抚育？除了与你之间无法割舍的血缘联系，更有对你的喜爱与宽容。

人类幼崽总是拥有很多天生的乖巧技能，甚至在五官的排列上都有别于成年人，比如看起来更大的双眸可以激发成年人的保护欲，这也就是为什么大多数人见到孩子之后都想抱一抱。但是，作为母亲而言，仅仅是依靠属于孩子共性的惹人怜爱，仍然很难就此建立对你一个人的特殊爱护。退一步说，如果你的母亲只是具备这种爱护的本能，那么抚养婴儿和饲养宠物之间并没有本质区别。幸运的是，就在你的母亲开始分泌母乳时，身体中也分泌了苯乙胺。苯乙胺让父母对你产生了一种专属的爱护。

隐藏在这种机制背后的关键在于，苯乙胺引发的爱意可以让你的母亲失去一定的判断力，不再是完全理性地去评判你的行为。当你哭闹或是尿床之时，那些抱你仅仅是为了取乐的人，很难会将这些行为与"可爱"联系起来，但你的母亲却不会因此而感到烦恼，甚至还会萌生一点喜悦。当你懂事了以后，你的母亲也曾提起过你在床上"画地图"的壮举。这虽是糗事，但她的口气却充满了自豪，并无半点嫌弃。

好了，现在就来说说你的一见钟情。

如果没有猜错，你暗恋的对象，就是那个在军训期间为你打开瓶盖的男生吧？以你多年练习散打形成的臂力，恐怕没有瓶盖会紧到连你都打不开的程度，但你还是在他的面前示弱了，而示弱恰恰也是心生爱意的一种表现。不用说，此时在你的脑部，苯乙胺已经形成。

催生爱意以后，苯乙胺的分泌仍然还会继续发生，只是究竟能够持续多久，并没有准确的说法。有的人说，爱情只能保鲜三个月。也有的人说，二人世界会遭遇七年之痒。三个月，或者七年，都有可能是脑内苯乙胺持续分泌的时间周期，但是无论按照何种时间评估，苯乙胺催生的爱情都无法成为跨越一辈子的亲情。

对于一个拥有复杂情绪的高等动物来说，"一见钟情"无疑是有欺骗性的。和我们亲缘关系很近的灵长目动物，大都不会构建忠贞的爱情关系。这意味着，人类之间要想把两人之间的爱情之路自始而终地走下去，仅仅靠苯乙胺这样的生理本能并不现实。然而我们在一见钟情发生的时间点，却已经把这残酷的事实抛在脑后。

不仅如此，就像苯乙胺会让你的母亲以一种非理性的方式爱你一样，爱情中的苯乙胺，也会让人长出一颗"恋爱脑"。有的人说，女孩在恋爱时的智商为零，但实际上，男孩又何尝不是？为了向自己的心上人表达爱意，冲动的少男少女总容易做出出格的事情，甚至不惜自残，而这都与苯乙胺的作用相关。

遗憾的是，不同的人之间，苯乙胺的分泌机制并无共鸣。当一方爱上另一方时，对方或许会对此无动于衷，这也是很多一见钟情最终变为单相思或者干脆无疾而终的原因。

于是，对于追求忠贞爱情的人类而言，爱情变成一件非常复杂

▶ 苯乙胺

的主题，也由此成为亘古未解的难题。几乎所有的文学家都把最有感染力的笔墨花费在爱情题材上，《梁山伯与祝英台》或是《罗密欧与朱丽叶》这样的故事在民间或舞台上永恒地流传。至于我，也未能免俗地在一部旨在科普的作品中去为你张罗谈恋爱的事情。

总之，如何利用好苯乙胺，并且还能让爱情长久，成为每一个亲历者需要解决的实际难题。

人类社会为此制定了法律，并提出了多数人认可的道德标准，但这也只是外力作用，并不能解决内源性的问题。对于不再相爱的两个人来说，稳定多年的婚姻也仍然可以宣告离婚，这算不了什么。

面对这个悬而未解的难题，人类表现出极高的聪明智慧。

还记得你喜欢的巧克力吗？除了含有让人兴奋的咖啡因以外，它同时也是富含苯乙胺的一种食物。当巧克力成为全世界流行的食品以后，几乎所有的文化都将它视为爱情的象征。情侣之间总喜欢用巧克力当礼物。虽然送礼物时并没有人思考这其中的化学玄妙，但是身体却早已交出了一份诚实的答卷：苯乙胺不经意间又充当了爱情的使者。

更多的人则逐渐摸索出一些苯乙胺更容易分泌的场景，再通过大脑的回忆，让自己不断重温那一见钟情的甜蜜。你在大街上看见一对七旬的老夫妻还能牵着手一同散步时，不必怀疑，他们此时的心境与你相思的情欲并没有本质的区别，只不过他们已经超越了本能，而你才刚刚陷入本能。你翻看杨绛在钱钟书离世后的回忆就会发现，一段寄托于苯乙胺的爱情也许会如山崩地裂那样震撼，然而一段超乎苯乙胺的爱情却可以打破生死的界限。

此时的你却还想不到那么远，唯一需要做的，就是在脑中苯乙胺的指挥之下，去吸引那个男孩的注意，用一种略带矜持的方式告诉他，你在爱着他。如果他也对你有意思，那么你们的爱情之路很有可能会迈出实质性的一步。

今夜，你又将辗转反侧。

3. 女为悦己者容

经历了几个晚上的思考后，你突然提出了一个有些出格的想法："老马，你说我把头发染成红的，是不是就能吸引他的注意了？"

我不得不提醒你，你正在读警察学院，而你未来的工作是一名神圣的缉毒警，染头发这件事与你的身份并不相符。

"嘿，你这人真不识逗，我都剪成短发了，还能不知道学校里的规定吗？我就是开个玩笑……我呀，实在想不到还有什么办法能让他注意到我了。"

虽然染发能够在短时间内最大程度的改变形象，但是并非一件毫无风险的换型尝试。

地球上所有的人都属于同一的物种，但还是可以根据毛发、肤色等特征，区分出不同的人种。其中，你所隶属的蒙古人种是东亚地区的典型人种。黑头发、黄皮肤是蒙古人种最突出的外形特征。

蒙古人种的头发不仅又黑又亮，而且几乎都是直发。虽然这是一种很美丽的特征，但是当一群人围在一起时，如此颜色纯正且造型统一的黑发特征，看起来还是有些单调。相比之下，其他人种的头发颜色更为丰富。特别是现实中罕见的金色波浪卷发，更是成为童话女主角最常用的发型。

你不必为此感到自卑。要知道，当人类的祖先还没有走出非洲大陆的时候，头发的颜色只有黑色这一种。直到大约一万年前，头发的颜色才开始出现分化。这些黑色以外的发色究竟从何而来，至今并没有准确的学术解释。有一派观点认为这是智人与尼安德特人混血的证据。尼安德特人是现代人类（智人）的近亲，两三万年前灭绝。虽然尼安德特人与我们并不是同一物种，却没有彻底生殖隔离，因此在现代人类的身上，的确还保留了一些尼安德特人的特征。这种说法的合理性在于，与尼安德特人混血的人群主要分布在欧洲，而欧洲人的确在头发颜色方面更多变一些。

我们可以从化学成分的角度去看待头发的颜色。毛发的主体是角蛋白，与指甲多有相似之处。毛发与指甲都会生长，但它们却都不含有神经细胞。你无论在理发还是在剪指甲都不会感到疼痛。

毛发由毛囊生长而来，而它的颜色则是由毛囊中的色素细胞提供。形象一点说，毛囊长出头发，就如同打印机吐出纸来，而色素细胞就是墨盒，将色彩喷涂在纸上。当"墨盒"勤奋地喷墨不止时，最终长出来的头发便是黑色秀发了。

你操作过普通的黑色打印机，也早已见识过彩色打印机。黑色打印机的墨盒自然只有黑色的墨，而彩色打印机则通常使用四色墨盒。彩色打印机借助于青色（C）、洋红（M）、黄色（Y）和黑色（K）这四种色彩的颜料，便构建出经典的CMYK四色打印模式。四种颜料按照比例进行调配时，可以打印出人眼可以分辨出的大部分颜色。

人体再次毫不意外地发扬了节约精神，仅仅通过两种色素去调配发色。这两种色素，一种被称为真黑色素（Eumelanin），另一种则被称为褐黑色素（Pheomelanin），它们都属于黑色素（真黑色素与褐黑色素的中文翻译目前尚不统一）。真黑色素的颜色比褐黑色素的颜色更深。通过调配这两种颜色，毛囊生长出从白到黑的多种颜色。

而你也因此感到遗憾，洋娃娃一般的金发并没能够披在你的肩上。不过，改变头发颜色算不上什么太困难的事。于是你便有了染发的心思。

这也怨不得你。别说是现代，早在东晋之时，染发就已经是一种时尚。当时最出名的炼丹家葛洪，就在《肘后备急方》中记载了黑豆染发的配方。不难猜到，这是鹤发之人想让自己变得更年轻的一种办法。

然而，说来你可能不信，即便你想成为"金发女郎"，通常也要先成为一名"白发人"。

从黑发到白发，自然是因为黑色素的分泌出现了异常，只不过，这个"异常"对于大多数人来说，也是一种"正常"的变化。随着年龄的增长，毛囊逐渐老化，黑色素不再分泌，白发也便出现了。

不过，也有一些人年纪轻轻却少年白头，更有甚者，在遭遇巨大打击之后，几乎一夜之间就愁白了头发。由此可见，白头发并不总是因为衰老，其他生理因素也不可忽视。这些因素，或许是难以控制的情绪变化，或许是身体中的特殊激素，又或许是不规律的睡眠节奏，但它们却会带来同一种副产物——含氧自由基。

你出生后开始自己呼吸时，就已经认识了"自由基"这个不速之客。一切顺利的前提下，吸入体内的氧气会将葡萄糖之类的营养物质氧化，而氧气就此转变成水和二氧化碳，排出体外。只不过，人体每次吸入氧气分子的数量是一个天文数字，这其中总有一些氧气错误估计了形势，没能将营养成分代谢不说，自身也成了人见人怕的活性氧自由基。

活性氧自由基像是失控的野狼，肆无忌惮地冲撞着身体中的细胞，打乱正常的新陈代谢。这无疑会加速人体的衰老。所以，人体中也形成了很多清除自由基的机制，阻止它对身体的持续破坏。然而毛发只是一些无助的角蛋白，它们无力构建一套防御机制，一旦被含氧自由基攻破，只能束手就擒。最终的结果就是黑色素被这些自由基破坏，乌黑的头发甚至可以在很短的时间里就变成银丝。

这似乎也启发了发明染发的人。

你想要染发时，会面临两种选择。一是直接从黑色染成其他颜色。这就如同是在黑纸上写字一样，基底的黑色难免会造成干扰，染出来的颜色也不会很清爽。这种办法通常用来临时染发，过不多久色泽就会脱落。当然，你也有第二个选择。先行破坏头发的黑色素，把头发变成白色。然后新的颜色就可以更好地附着在头发上。这正是现在最常用的染发技艺。

将黑色素漂白的药剂通常是双氧水（学名过氧化氢）。从结构上看，它和普通的水分子有些相像，只是含氧量多出了一倍。双氧水的脾气要比水"暴躁"得多，比氧气也要更活泼，很容易就释放出活性氧自由基。实际上，你身体中的活性氧自由基，有时候也会转变成双氧水。

所以，如果让双氧水和头发接触，再辅以加热之类的其他一些手段，加快双氧水对黑色素破坏的进度，那要不了多久，头发就会全白。

染发的关键是将染发剂附着在头发上。如果你希望头发长期保持一种颜色，那么对苯二胺这种着色剂很难被剔除配方。对苯二胺可以让色素分子更好地附着在头发角蛋白上。尽管从现有的研究来看，对苯二胺没有致癌性，可它引起的过敏问题却不少。有人在染发以后脸部红肿，脖颈瘙痒，很可能就是对苯二胺惹的祸。

然而，这还不是最为人诟病的。染发虽然可以带来一时的美

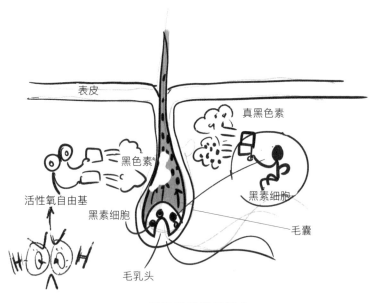

▶ 黑色素毛发双氧水

丽，但是染发后的头发保养却没那么容易，尤其在长期染发之后，发丝逐渐干枯，残留的染发剂更难免会刺激到毛囊，头发生长的进程也会被破坏。所以，你决定染发时，也务必要把这些代价考虑在内。

"我知道啦，老马。女为悦己者容。你说我到底应该怎么办嘛？"

说到这个，我可就要批评你了。所谓女为悦己者容，不过是轻视女性的一种说法。你不是任何人的附属，又何必取悦别人？更何况，我起名虽没有什么创意，但是"颜如玉"这个名字，和你的相貌还是堪堪契合——你已经足够美了。退一步说，不论你怎样浓抹淡妆，都只是你的自由，和他人没有关系。若是为此付出健康的代价，你就要谨慎面对了。

至于你想要的爱情，就算我是你的创作者，也没法从实质上帮你太多的忙，更不可能干涉你的选择。但我知道，你心目中的那个男孩总喜欢待在图书馆。你是个爱读书之人，不妨也常去图书馆，或许你们有同样的兴趣呢？

4.幸福的感觉

不得不说，你的运气非常好。

第一次去图书馆，你有些笨拙地在公共电脑上查找自己想看的书，却总是不得要领。渐渐地，你有些担心自己占用的时间太久，便抱歉地向排在后面的人示意——怎么就这么巧，排在你身后的正是你朝思夜想的那个他。

这一次，你心中小鹿乱撞。只一眼，你就害羞地低下头，而他却以为，你是想向他求助却不好意思开口，就大方地问你想看什么书。

"什么书？"你嘴里嗫嚅着，脑子里却一片空白，忘了自己原本想要找什么了。

他看不到你的脸，却也已经察觉出你的娇羞。他没有再多说，在电脑上打开查阅软件，找到搜索界面，轻轻地告诉你接下来该怎么操作。而当你抬头致谢的时候，他也认出了你。

毫无疑问，苯乙胺也在他的脑内发挥了作用。这样的巧合万中无一，通常也就会在书里出现。不过，你也不必埋怨我的俗套，因为只有你们早日相会了，我才好说说内啡肽。内啡肽它是爱情中最重要的化学物质之一，甚至不亚于多巴胺的奖励机制。

所以，我就不详细记述你们怎样互相表白，又是怎样确定关系的过程了。

他学的是法医专业。法医是一个在常人眼中有些神秘的行当。甚至连你都有些意外，像他这样，学着最冷冰冰的知识，实验课的观察对象和他之间也没有任何语言交流，但内心却十分热情，聊起天来也是相当幽默。

而我要说的第一个场景，就是他跟你讲了第一个笑话。讲笑话是情侣之间促进感情最常用的办法之一。如果笑话得体，听笑话的人被逗乐，那么无论是讲的人还是听的人，都会因为脑内分泌的多巴胺而感到快乐。对于情侣而言，这层快乐还加了点别的东西。

可以肯定的是，这并非是你的矫情。人在毫无防备的大笑之时，内啡肽的分泌量也会增加。这可能正是你感到幸福的源泉。

人类注意到内啡肽在亲密关系中的作用，很大程度上源自对猩猩的研究。作为人类最近的亲属物种，猩猩更接近生物本能的恋爱行为给了我们化学物质上的启迪。相对而言，我们人类的恋爱难免会受到家族、金钱等方面的干扰。

猩猩表达爱意最隆重的方式是为对方梳毛。在这个过程中，两只猩猩的大脑会都分泌出内啡肽，都会感到放松，更容易进入更亲密的肢体接触。

无论是猩猩还是人类，在爱情的培养过程中，内啡肽发挥的作用是一样的。

正因为内啡肽的这种作用，让它拥有了现在这个名字。人类在发现内啡肽之前，就已经注意到，鸦片中的吗啡可以给人以幸福感。人们明知道吗啡之类的毒品对人体有害，还是控制不住去吸食。对此，你当然不会陌生，这与你未来缉毒的工作息息相关。后来的研究发现，大脑的下丘脑部位，也能分泌出这种作用与吗啡相仿的神经递质。它有好几种类型，由多个氨基酸构成，结构上属于肽类。于是，这种在体内分泌的"一种和吗啡作用相仿的肽"，便称为内啡肽。

内啡肽并不像多巴胺那样通过给你奖励来让你感到快乐，而是通过压制疼痛感来让你感到快乐。所以，内啡肽带来这种快乐是爬到山顶看到的日出，是经历过风雨之后见到的彩虹。

如此一来，就该说说你和男朋友之间的第二个场景了。你邀请他一起去散打训练场体验。不管从哪个角度来说，这里都不是一个理想的恋爱场所，比不上电影院的昏暗环境，比不上小桥流水的浪漫气氛，也比不上小吃街的你侬我侬，但你们却乐此不疲。

你本以为，眼前这个体魄强壮的男孩子可以和你打得有来有回，谁料一出手就把他打得鼻青脸肿。他不服气，于是暗下决心，要努力地锻炼身体，不能在竞技场上被你单方面欺负。

他跟着你一起练习跑步。他身体状态的变化让你瞠目结舌。你很不解，不知道面对如此艰苦的训练，他坚持下来的理由是什么。

他说，这是因为爱你。

但是短时间的魔鬼训练并不能掩盖技术上的不足。每当你们重回擂台时，他也还是只有招架之力，不一会儿就被打得满地求饶。你说，只要把对面的人想象成大毒枭，自己就不敢输也不会输；他却说，无论多少疼痛，也愿意当你的陪练。你不知道是什么支撑着他这样的信念。

他说，这是因为爱你。

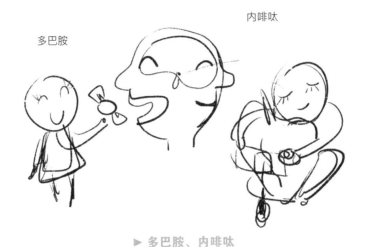

多巴胺

内啡呔

▶ 多巴胺、内啡呔

　　这份沉甸甸的爱，也离不开内啡肽的支持。无论是积极的体能训练还是身体上的疼痛，都会促进内啡肽的分泌。这可能源于身体的自我保护机制。内啡肽的及时分泌可以让人避免长时间忍受肌肉酸痛的不悦感，甚至会通过快感让人爱上这种体验。

　　你们的感情，在内啡肽的调和之下不断加深。你们的爱情趋于平淡时，更需要内啡肽前来救场。而我要说的第三个场景，就是回到你们最初认识的地方。

　　图书馆里依旧安静，你们经常约在这里读书，度过一年、两年、三年。一晃你们都快毕业了。

　　此时，他就坐在你的对面，而你无心看书，只是呆呆地看着窗外的天空，渐渐陷入迷思。

　　你并不知道自己究竟在想些什么，觉得有些烦躁。此时，内啡肽让你逐渐平和。

科学界正在研究冥想和内啡肽分泌之间的关系。尽管冥想不像运动那样必然会促使大脑分泌出内啡肽，但是对于一些需要愈合心理创伤的人来说，却可能是非常重要的体验。目前，流行的心理学正念疗法便是以冥想为基础的。

此刻，你沉浸在忘我的精神世界里，呼吸逐渐加深而频率减慢，情绪在经历了一段波动之后，也在朝着更积极的方向转变，感觉自己的身体像是漂浮在半空中。这些离奇的感受，很可能来自于内啡肽的作用，而它此刻对你的启示，就是珍惜此时的幸福生活。

5. 美好的未来

冥想过后，你对我提了个意见："老马，既然你把我的爱情写得这么俗套，那就不干脆俗到底吧。我想和他在一起。你就给我们安排一个白头偕老的大结局好了。"

既然你都这么说了，我当然是恭敬不如从命。你的爱情故事尽管没有太多悬念，却是在包括多巴胺、肾上腺素、血清素、苯乙胺和内啡肽在内的数十种物质精诚配合之下实现的。如果把爱情之路比作一段真实的旅程，那么每一种物质发生异常，都有可能在这段旅程上摆上路障。这些路障，也许只是给甜蜜的二人世界里平添一点忧愁，但也说不定会让爱情就此终结。人类毕竟不是预先设定好程序的机械，总会闹情绪，也总会生病。哪怕只是一场春雨，都可能会影响脑内神经递质的分泌。爱情之路很难一帆风顺。

所以，你的恋情虽然很俗，却俗得让人羡慕不已。我答应你，它一定会完美地谢幕。在此之前，这些化学物质还将忠实地为你保驾护航。即便毕业后你们很快面临工作与生活的各种挑战，也不会被拆散。

Chapter 13

工作：理论与实践的检验

第十三章

1.平淡的工作职责

你的专业能力十分优秀。从警察学院毕业之后，你便顺利地走上了工作岗位，成了一名光荣的刑警。

对此，你还是颇有微词，自己都已经学了那么多缉毒的本领，不去为祖国效力，却要窝在派出所里等着破案。现在社区的治安这么好，每天能接到的所谓"刑事大案"最多就是电动自行车被盗。偏偏那几个穷凶极恶的贼头也已经得到了法律的审判。剩下那几个小蟊贼，实在不是你的对手。

波澜不惊的工作实在有些过于平淡。短暂的热情过去以后，你对工作有些懈怠。你每天最开心的事情，是下班以后去找男朋友。他如愿成为一名法医，和你也在同一座城市。听着你的抱怨，他似乎也无能为力，毕竟他自己也难得遇上一件需要他出手的大案。

为此，你的领导同你语重心长地谈了一个下午。你终于明白，不管是抓毒枭还是抓蟊贼，或者哪怕就是协调邻里矛盾，都是警察的职责。保护人民的生命与财产，并无什么大小之分。更何况，以你现在的实战经验，并不足以应对错综复杂的缉毒案件。

你能够心平气和地接受劝告，也和辖区内一件不大不小的案件有关：一名醉汉发酒疯，打伤了好几个人。当天晚上，你第一次上了夜班，与同事一起守着嫌疑人，等他醒酒后进行审问。在夜间执勤的时候，你思考了很多。

2. 人为什么要喝酒

让你最不能理解的一个问题，是人为什么要喝酒？以你为数不多的几次饮酒经历来看，酒并不是一种好喝的饮料，又如何让众多的人爱上它。

这不是因为你口味挑剔。无论什么酒，必然会含有酒精这种成分。酒精的学名叫乙醇。进入口腔和食道时，酒精会刺激口腔中的细胞，使口腔产生灼烧的疼痛感。因此不觉得酒好喝，这并不让人奇怪。而且，一般来说，酒中的酒精含量越高，刺激作用越强，新手喝的时候就会越排斥。反之，一些酒精度不高的酒，因为还具有果香、花香，也会让人更容易接受一些。

当你有机会走遍世界各地，你会发现，酒在任何一个成体系的文明中，都是文化的一种载体：有的地方以本地区出产的优质葡萄酒、啤酒或烈性酒为荣，有的地方却以禁酒为戒条。

至于你所生活的这个国度，酒文化更是绵延了三四千年。特别是崇尚饮酒的商代，尊、爵等各类酒器更是代表了当时锻造青铜器的最高技艺——从这些字的现代含义不难推断出酒在当时地位。当然，正如你在历史书上学到的那样，那个时代的酒，也是统治者穷奢极欲的体现，所以昏君常常会有建造"酒池肉林"的幻想。

不过，随着文人阶层的兴起，酒文化有了更多内涵。"李白斗酒诗百篇"，更是让酒成为创造力的源泉。

实际上，对于"人为什么要喝酒"这个问题，你自己就能够回答，因为你也曾有过不止一次想要喝酒的冲动。

有这么一次，在外出吃饭吃到一半的时候，你突然想到了要喝酒。这并不是因为你贪酒，只是你的口腔在这时提了个醒。还记得味觉系统是怎样构成的吗？味觉系统是味觉细胞上的多种蛋白质受体在集体工作，通过神经系统告诉你食物的味道。但是，一旦这些受体被食物覆盖，味觉系统的工作效率就大打折扣。

生活中经常遇到这样的事情，比如你先吃过水果糖，再去啃苹果，会尝到一股酸味。这其实就是甜味受体暂时无法工作的结果。水果糖的分子与甜味受体结合。在两者分离之前，甜味受体很难再感受到其他分子的甜味，于是苹果的甜味便被忽略了。

解决这个问题的办法很简单：喝点水，把味觉细胞上覆盖的那些分子冲刷掉，味觉便恢复了。只不过，这办法也不是百试百灵，总有些分子会赖在味觉细胞上不走。你大概还能记起来，那天吃的食物口味有些重，再吃别的菜时，还依然是重口味菜肴的味道。

最后，你灵机一动想到了葡萄酒。还别说，你咂摸了两口葡萄酒以后，再吃菜的时候就不会串味了。这其中的原理很简单：酒中的乙醇是一种比水溶解力更强的物质，它可以有效地把干扰分子从味觉细胞上脱除。如此你就不难明白，佐餐就是人们喝酒的主要理由之一。不只是葡萄酒，其他酒也有同等的效果，比如每到秋天吃螃蟹的时候，人们总是喜欢喝点黄酒，这同样利用了酒的佐餐功能。

喝酒的另一大理由你也曾经历过。如果你还记得去蒙古草原考察的日子，一定也不会忘记草原上巨大的温差。白天还可以穿件单衣策马奔腾，晚上却要躲在蒙古包里裹起被子瑟瑟发抖。当地人有些同情地看着你，最后给你递上一瓶白酒。你想都没想，咕咚咚就喝了好几口。尽管烈性酒还是让你感到难喝，但是面对此情此景，你却没有犹豫。

没错，喝酒可以御寒。这是因为，身体摄入乙醇后，会处于轻微中毒的状态，于是心跳与呼吸加快，血液流动得也更欢快了。这些变化，带来的最终结果自然就是身体的代谢加速，浑身都会因此感到更温暖。

然而，就像柴火烧得更旺但持久性就会下降一样，喝酒御寒也有个极端的风险。在俄罗斯，冬天喝烈性酒御寒几乎成为一种习俗。然而，酒后热烘烘的感觉持续时间不长。酒后来到室外，面对零下二三十度的极寒，酒精的"火焰"慢慢熄灭，身体也开始失温。为此，身体向大脑传达"冷"的信号。但是对于喝过酒的人来说，冷和热的信号并不总能准确地区分。于是就有人在这种情况下误认为自己很热，撩起衣服坐在雪地里"纳凉"。最后的结果可想而知，不少酒鬼因此再也没有机会喝酒了。

相比于佐餐和取暖，最为核心的酒文化还是社交。不相识的人通过酒桌拉近关系。相识的人用酒活跃聊天的气氛。你最有印象的，还是大学时的舍友因为失恋而买醉。

正如前面所说，酒对人体来说是一种毒药，虽然毒性虽然不强，但是经由肠胃吸收以后便会直抵大脑，见效奇快。对于绝大多数人而言，一顿饭的工夫饮下100g纯乙醇就足以出现麻醉的状态。

酒醉以后，神经系统被麻痹，肢体开始不听使唤，但是多巴胺的分泌却更加活跃。于是，你经常可以看到喝醉的人手舞足蹈，满脸带着兴奋，可是要说什么的时候，舌头却像打结了一样吞吐不清。

正是这种身体不听大脑使唤的状态，让一些社交活动得以开展。酒桌上，宾客们开始畅所欲言，甚至是酒后失言；至于你的舍友，醉倒以后便肆意哭了出来。在你和其他同学的安慰之下，她渐渐地沉睡过去。醒来以后，她似乎真的不再惦记那个让她伤心的男孩了。

喝酒似有好处，但千万别被这些表象迷惑。酒醉之人可以享受片刻欢愉，但是由此带来的后果却也不可小觑。在你值夜班的期间，那个酒醉的嫌疑人呕吐了三四回。酒后呕吐，可以理解为肠胃的自我保护。然而呕吐物可能会堵塞气管，造成窒息。这也就是你们值班的主要原因，不管醉酒的嫌疑人犯下什么罪过，身上多么肮脏，你们也还要确保他的人身安全，直到将他送上审判庭。

呕吐并不能避免乙醇对身体的伤害。乙醇是一种非常小的分子，它与水一样，几乎能够毫无阻碍地顺着血液，抵达身体的每一个部位。为了把它们代谢出去，身体不得不调动各种力量，以肝脏为首，将它们排出体外。

人体中有两种酶专门对付乙醇。这种机制，有可能源于灵长目祖先在树栖生活时代，经常需要食用过分成熟乃至发酵的水果所致。水果中的糖在此过程中被有些细菌无氧代谢成了乙醇。人体代谢乙醇的两种酶，一种叫乙醇脱氢酶，还有一种叫乙醛氧化酶。乙醇脱氢酶可以将乙醇转变为乙醛。乙醛并不能被人体消化吸收，所以又在乙醛氧化酶的作用下转化为乙酸。乙酸可以在身体中被降解并最终排出体外。

这只是理想的情况，对于很多人来说，两种酶的配合并不那么顺利。就拿你来说吧，你不爱喝酒的一个重要原因，是你喝上两杯小酒后，脸上的颜色就变得跟花儿一样。你感到阵阵不适。这种情况，就是因为体内缺乏乙醛氧化酶所致。即便两种酶的分泌状态正常，自身的解酒能力尚可，身体依然可能不堪其扰，并因此发生病变。

根据已有的研究结果，酒精是1类致癌物，或者说，它是一种肯定和某些癌症相关的食物，特别是肝癌。这并不让人意外，当肝脏兢兢业业地处理乙醛这样的酒精代谢物时，自身也在遭受着乙醛

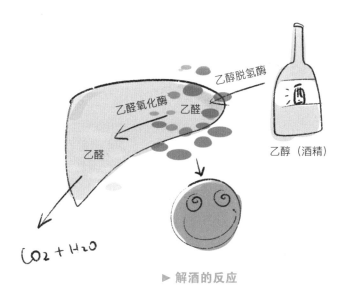

▶ 解酒的反应

的损害。

雪上加霜的是，长期饮酒还会有成瘾性。尽管饮酒会刺激多巴胺分泌，让人感到更快乐一些，但是如果长期以此为乐，多巴胺的分泌系统便出现依赖。换言之，若是缺少了酒精的刺激，酒徒们就容易郁郁寡欢。如此一来，饮酒人的身体也会加剧崩溃，尤其是大脑中的海马体受损，记忆力也会因此衰退。

所以，经常酗酒的人，在酒醉之后更难控制自己的行为。就像你现在看守的这位，经常喝酒喝到撒酒疯，给身边人造成了不小的威胁。

如何通过自己的工作，避免社区里发生类似的刑事案件，成了你此刻思考的大事。你终于明白，即使是平淡的工作，也依然需要负重前行。

3. 天下无毒

"老马，我要调任去边境缉毒了！"有一天，你略带兴奋地说起自己的工作调动。

听到这个消息，我当然很支持，但不知道你的男友又会是什么态度？

"嗐别提了，我是去缉毒，他呀，是嫉——妒！还瞧不上我们女孩子出去缉毒，然后就……"

我猜到了，你的散打功夫又让他吃了苦头。

你的脸上泛起红晕，慌忙解释："没有没有，你说过，打人是不对的，我只拉开袖口比划了一下，告诉他，我是有这个手腕的。然后，他就心服口服了。"

不管怎么说，完成缉毒任务，是你的梦想，也是我的梦想。如今我们打破了虚与实的界限，由你，书中的"颜如玉"，前往最危险的地区，要去捣毁那些罪恶的毒窝。

临行之前，你郑重其事地谈到一个话题：不少电影或电视剧里，都塑造了一个通晓化学知识的制毒魔头。既然学了化学能够去制毒，为什么你不铤而走险大赚一笔，还梦想去缉毒呢？

不得不说，这个问题很犀利。我一时不知道应该从社会、法律、经济还是科学的角度说起。

毒品并不是一个范围十分明确的概念，它包含了很多品种。随着时间和空间的变化，其内涵也在发生改变。就拿生活中很多人不以为然的香烟来说，它的地位就一直饱受争议。毕竟从危害性来说，它与所谓的毒品并无本质差别，因此常有人提议将其列为毒品进行管控。另一方面，像大麻这样看起来危害不那么大的毒品，有些国家却在试图将其合法化。

所以，我没办法和你笼统地讨论毒品，要不还是从鸦片说起吧。

"鸦片"这个词，你一定不会陌生，因为你所学过的历史教材，便是以1840年的鸦片战争作为"中国近代史"的开端。作为一种经典的毒品，鸦片给很多地方带来了灾难。

鸦片本是罂粟的提取物。"鸦片"之名源自其英语opium的音译。在鸦片之中，含有多种能够让人感到愉悦的成分，其中就有大名鼎鼎的吗啡。

不只是能够带来欢愉，吗啡还具有很强的镇痛作用。于是大约在200年前，英国在其殖民地遍种罂粟，并将罂粟提炼而来的鸦片包装成镇痛剂，销往世界各地。

后来的事情你就知道了，与鸦片的成瘾性和毒害性比起来，镇痛作用对普通人而言似乎有些不值一提。这倒不是说鸦片的镇痛效果不强。即使到了今天，鸦片也依然是手术中常用的镇痛剂。只是为了避免引起对那段痛苦历史的回忆，我们现在更多地将其翻译为"阿片"。当然，阿片类药物并不只有鸦片这一种，它也包括哌替啶（杜冷丁）和芬太尼这样一些人工合成的药剂。只要能够和神经系统中的阿片受体结合，都可以归属于其中。阿片受体和痛觉有关，这些阿片类药物与其结合，便可以显著降低身体上痛觉的烈度。

在规范的使用方法下，阿片类药物在有效镇痛的同时，产生的副作用仍处于可控的程度。常见的副作用有低血压和泌尿系统异常，但是最让人感兴趣的，还是它对神经系统带来的影响。不少人会因它出现幻觉，并抢走了内啡肽的饭碗，让你产生快感。所以，如果没有强力的管控措施，阿片类药物很容易被人滥用。

然而阿片类药物成瘾后导致的危害，却远非酒类所能相比。比如在你们工作手册上处于核心位置的海洛因，实际上是吗啡的衍生品，化学名称叫乙酰吗啡。海洛因是乙酰吗啡的商品名，如果你注意看它的英文名heroin，不难发现这个词的本源是hero，也就是英雄。它能够配上"英雄"这样的威名，是因为一百多年前被发明出来的时候，它能够起到和吗啡一样的作用，而且纯度比直接从植物中提取的吗啡更高，很快就成为当时镇痛剂的首选。最为讽刺的一幕，是将其投放市场的拜耳公司当时并不清楚其危害，反而认为乙酰吗啡不仅不会上瘾，而且还能够抑制吗啡成瘾的问题，是解救苍生的英雄。

如今的结果你也知道了，海洛因不仅也会成瘾，且它造成的毒瘾危害，更是冠绝整个二十世纪。和其他一些阿片类药物一样，海洛因也会干预神经系统，并关闭大脑中分泌内啡肽的闸口。当一个人多次吸食海洛因以后，神经系统便被它劫持，自己无论是谈恋爱还是看电影，都无法再通过分泌内啡肽而产生快感，只能委曲求全，一次次地栖身于海洛因的淫威之下。你完成学业之时，就曾在戒毒所里实际探访过那些被海洛因毒害的吸毒者。他们痛苦的戒断反应也让你实实地吃了一惊。

更让你吃惊的是，在吸毒人员群体中更受追捧的冰毒，带来的危害甚至比海洛因更为深远。

当海洛因的危害深入人心之后，冰毒成为新的毒品之王。冰毒的学名叫甲基苯丙胺。纯净的甲基苯丙胺外形似冰，故而有了冰毒之名。冰毒的发展之路与海洛因迥异。不少人在歌舞厅这样的场所第一次接触到了冰毒。吸食冰毒之后，人们立刻感到兴奋的身体

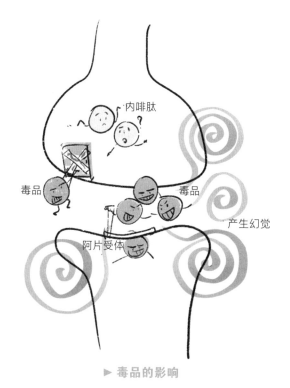

内啡肽

毒品　　　毒品

产生幻觉

阿片受体

▶ **毒品的影响**

不由自主地晃动起来，头部的晃动尤其剧烈，所以它在早期还有个"摇头丸"的外号。这一令人迷惑的称谓也让很多人对它毫无警惕，甚至会把它当作戒断海洛因的一种药物。

然而真实的甲基苯丙胺却是一个面目狰狞的恶魔，从出生之日起就染上了罪恶的鲜血。第二次世界大战时期，日本统治者为了提高士兵们的战斗力，给他们发放"大力丸"。"大力丸"的有效成分就是甲基苯丙胺。

从名字你就不难猜到，这种物质与苯乙胺有点联系。苯乙胺的众多衍生品中，有不少都是能够让人出现幻觉而陷入情网的毒品。除了"爱神"，还有一种叫安非他命的，学名苯丙胺。至于甲基苯丙胺，自然就是在苯丙胺分子的基础上又多了一点修饰。

所以，甲基苯丙胺的主要作用就是让人兴奋，同时还能出现美妙的幻觉。只不过，这种快乐也是短暂的。甲基苯丙胺被代谢以后，身体的疲惫以及精神的空虚，会让人失去所有的快乐。

比伤害自身更恶劣的后果在于，冰毒会让吸食者在兴奋的同时失去判断力，情绪狂躁乃至六亲不认。所以，你在戒毒所听到了太多有关冰毒的惨痛故事：有人因为毒后驾车而超速撞人，也有人挥刀砍向了自己的至亲。

海洛因和冰毒还只是最为出名的两种毒品。在地下交易市场流行的毒品还有更多，甚至有些新型毒品，还需要等着你在前线去寻找，确定它们的属性。但是不管是何种毒品，它们都会在让人不知不觉成瘾的同时，对大脑和身体带来不可逆转的摧毁作用。

而你的工作，就是要防止它们危害人间。在一些劣迹艺人的错误引导下，"飞叶子"（吸食大麻）成了一种时尚，也让你的工作内容变得更加复杂。除了深入险境去抓捕那些毒枭，你还需要利用"6·26国际禁毒日"这样的机会进行公民科普宣传。

至于我，能力所限，不能和你一样去消灭毒品，只好借助手中的键盘，在必要的时候助你一臂之力，让更多人理解支持你的工作，也让一些受毒品蛊惑的无知少年能够尽早抽身。

这是我们共同的工作。

4. 电脑前的辐射

你的缉毒工作非常顺利，既定的目标很快得以实现，也因此获得了一段探亲假。

这一次，当你和男朋友再次相会时，有着和往日不同的情愫。几年来抓捕毒贩的经历，让你体会到什么叫出生入死，也更能感受到生命的可贵。于是，你决定结婚生子了！

你的想法让男友感到有些突然，但是简单斟酌之后，他就决定和你一起准备婚礼了。

婚礼办得十分低调。你的工作性质也不允许你暴露自己和家人之间的关系。但是，为了你自身的安全，在你备孕期间，工作内容还是转到了内勤。

你早已明白，每一个岗位都是无比重要。如今工作内容虽然从每天与亡命之徒斗智斗勇变成了查看监控资料，但你还是依然一丝不苟，不肯怠慢。

在婚礼上，你的母亲送给你一件防辐射服，既表达了她对抱外孙这件事的期盼心情，也表达了对你一贯以来的爱意。

同事们得知你的情况以后，也纷纷为你准备了仙人掌之类的绿植。据说，仙人掌之类的绿植能够吸收屏幕带来的辐射。你心里也有些犯怵，虽然内勤工作没什么生死危机，可是每天对着电脑，会不会让自己不适合怀孕呢？要是再想得更远一些，将来怀孕了会不会导致流产呢？

这些问题，很多和你一样的备孕准妈妈，都不可能不去琢磨。要找到答案，可就要从辐射的本质说起了。

从辐射源出发，就像自行车轮的辐条一样，向着四周发射出射线，这便是辐射。

辐射有两种最常见的类型，一种是粒子辐射，另一种是电磁波辐射。粒子辐射自然是有实体的小颗粒存在，而电磁波辐射则是由输送能量的电磁波实现。这些辐射的确有可能对你造成伤害，然而不同的辐射之间，差异却很大。

核辐射是我们最容易联想到的辐射类型。原子弹爆炸时就会释放出大量核辐射。核辐射对人的危害极大，因此这种辐射也的确值得严防死守。如果你还记得高中的物理课程，大概还会记得核辐射的三种类型：α射线、β射线与γ射线。其中，α射线与β射线都是粒子辐射，而γ射线属于电磁波辐射。

早在辐射现象被发现的时候，这三种类型的射线就已经被注意到了。原子具有更微观的结构，中心是一个原子核，带正电，而外层则是电子，带负电。那些不太稳定的原子，原子核时不时地发生裂变，一个原子核分裂成更多个原子核，同时喷射出一些射线。其中，α射线的特点是带正电，是氦元素的原子核；β射线的特点是带负电，本质上是电子；γ射线不带电。所以，通过电场就不难区分出这三种射线。但实际上，除了这三种类型的辐射以外，核辐射还有更多的可能性，例如属于粒子辐射却不带电的中子流以及属于电磁辐射的X射线。

核辐射产生的这些粒子和电磁波，都具有很高的能量。这也使得它们在接触人体时，所向披靡，横冲直撞。比如：被称为 α 射线的氦核，是一种极小的颗粒，重量还不足一个水分子的四分之一，但是当它从原子核裂变出来时，速度可以高达每秒上万公里。从微观的角度来说，它就如同是一颗炮弹。这颗炮弹砸到人体的细胞时，虽然不会引起疼痛的感觉，却足以破坏一些成分。这些成分或许是你自身免疫系统的一部分，或许是你准备遗传给下一代的基因，如果遭到了破坏，就有可能引起自身的疾病，或是将这种异常遗传给你的孩子。

这也正是核弹可怕的地方，因为核弹就是利用核辐射原理制成的特种炮弹。核弹爆炸的时候，瞬间释放出的巨量辐射，会让辐射范围内的受害者遭受毁灭性打击。这时候，只有躲避在专门的防辐射空间里，才有可能躲过一劫。

当然，随着各国在核弹使用方面越来越慎重，未来遭遇核弹爆

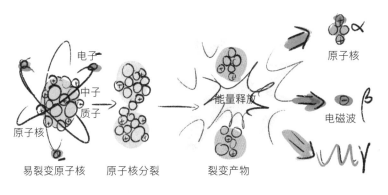

电子
中子
质子
原子核
易裂变原子核　原子核分裂
能量释放
裂变产物
原子核　α
电磁波　β
γ

▶ 辐射

炸的概率几乎为零。但是，你也知道，这世界上还有很多核电站，它们也存在一定的风险。1986年的切尔诺贝利事故。以及2011年的福岛事故，让人们对于核风险的担忧又多了几分。

话又说回来，如果真的遭遇如此严重的核事故，那别说是普通的防辐射服，就算是那种专业的防辐射服，也仍然不能保全穿衣服的人不受到伤害。对于这种级别的核辐射，人类唯一也是必须要去做的，是将它们发生严重事故的可能性降低为零，把事故压制在萌芽之中。此外，人类还要有一套应急预案来防微杜渐，避免隐患暴露时无据可依，以至于事故发生之后一步错而步步错，最后酿成巨大的悲剧。

除了意外的核辐射，我们生活中就没有太多机会遭遇强烈的辐射了。即便当你遇到的时候，也会得到充分的保护。当你去医院，想要拍个片子时，不管是骨骼的X光片还是头部的CT片，它们都和机场、车站安检的设备一样需要用到X射线，这同样是一种强烈的辐射。但是，医生会控制好拍片时X射线的剂量，你也不必担心因此而产生什么严重后果。

你身边的环境中，难免也会有极少的氡、镭元、铀等元素。它们的原子核都不稳定，难免也会有辐射。然而相比于你每天都要打交道的太阳而言，这些辐射的总量实在不值一提。当你生活在地球上时，太阳才是最大的辐射源。不管是晴天还是雨天，太阳总在源源不断地向地球投射着各种电磁波。太阳投射的电磁波中以红外线和可见光最为丰富，剩下还有少量的紫外线，以及含量更少的无线电波、X射线和 γ 射线。

不过，对于太阳所辐射出来的那些高能电磁波，还有那些高速飞行的粒子射线，地球的地磁场就已经把它们甩走了一大片，剩下那些，大气层也已经帮你吸收了。所以，适量的室外运动，并不足以被太阳的辐射所侵害。

至于你每天都在用的电脑，也包括你几乎时刻不离的手机，还有用来热菜的微波炉，它们的确都有辐射，但是辐射的主体是无线电波，每一束光波的能量甚至还不如你的热水杯所辐射出来的红外线强，又有什么值得怕的呢？所以，对于真正有危险的辐射，防射服无能为力。至于生活中的这些辐射，根本又没必要防。

不过，即便是这样，你的新婚丈夫还是觉得你应该把辐射服收好，等到怀孕了以后就把它穿上。

我倒是理解了他的想法。从科学上说，防辐射服确实没什么用，可它能够最直接地向陌生人传达你怀孕的信息，让身边的人给予你必要的照顾。

但你没有想到的是，这一天居然来得这么快。

5. 一个全新的生命

你的怀孕，让你的身体里多了另一个心跳，也让你的生命进入了一个新的阶段，如此美妙的感受，让你总想和更多的人分享你的快乐。

办公室里，你的同事们也在为你感到幸福，给你捎带各种美食；而你的丈夫则经常不辞劳苦，从他的工作单位赶过来接送；等到回家了，更是一家人围着你嘘寒问暖，你仿佛成了这个世界的中心。

闲暇之余，你才注意到我对你的祝福，转而又提出了一个问题：怀孕，也是人生中的化学反应吗？

当然，你在生命里遇到的每一个生理变化，都离不开化学反应。

Chapter 14

生育：让生命生生不息

第十四章

1. 又是阴郁的一天

在你怀孕以后，情绪波动似乎比以往更大了。医生说，这是孕期综合征，是每一个孕妇都会经历的阶段。

不说你就能猜到，这又是身体中包括神经递质在内的各种成分在分泌时出现了紊乱。好在你的身体素质够好，身边的人对你也足够照顾，所以你倒是没有碰上诸如头晕、腹泻、高血压之类的生理疾病，但也常常感到不开心。

这一天，你从睡梦中醒来时，早已过了上班的时间。为了让你多睡一会儿，丈夫清晨只是悄悄地起床上班。于是此刻只剩下你一个人闷坐在屋里。想来也是好笑，你曾听医生说，很多孕妇都是失眠睡不着，可自己却是越发地能睡了。没办法，身体里的这些化学物质并不总是遵循同样的规律，出现完全相反的情况也不奇怪。相

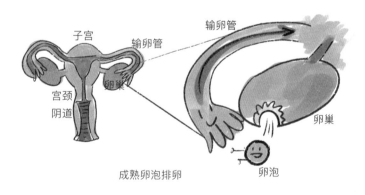

▶ 子宫

比之下，贪睡总还是比睡不着更好。

　　请假、洗漱、用餐，淡淡地完成这一套程序，你突然有了一阵空虚感，像是不知道自己何去何从。看着窗外阴沉沉的天，你似乎开始相信天人感应的道理。艺术家们总是能在阴天写出最忧郁的歌词，恐怕就是这个原因。

　　"老马，今天我什么也不想做，上次想聊的那个话题，要不就接着说吧……"你在屋里盘桓良久，终于开口了。

　　上次的话题？我想起来了——关于生育的化学反应，那确实太值得一说了。

2.避孕套的安全学问

虽然现在你已然怀上了小宝宝，但是你第一次关心起怀孕的事情，却是从"避孕"开始的。所以，和生育有关的话题，我们也不妨先从避孕说起。

此前，你唯一采用过的避孕措施就是避孕套，它的原理是通过物理手段将男性的精子截留，不让它们和卵子相遇，这样就实现了避孕。不过，这个物理手段却是靠着化学方法才实现的。

说来你可能不信，避孕套的历史少说也有两千年。在古罗马帝国时期，避孕是刚性需求，也因此流传了包括避孕套在内的一些避孕手段。可见，即便是在"人口就是生产力"的封建时代，避孕的行为也依然存在。

不过，这些古典的避孕套到底是什么材质，以及它们能不能避孕，古籍记载都语焉不详，想来当时也不会有多少学者会去深入研究。避孕套真正成为一件被主流社会关注的性用品是在16世纪，因为一种可以通过性行为传播的疾病正在当时的欧洲肆虐。

这种疾病最初来自于哥伦布的水手。不难猜到，这是因为他们发现美洲大陆以后就在当地寻花问柳了。等到他们回到西班牙后，不少人开始出现病症。人们把这种病称为"印度麻疹"（哥伦布在当时误以为新大陆就是印度）。得了这种病的人一开始只是出现皮疹，但是不久之后便开始出现发热症状。等到病入膏肓的时候，身体的各个组织都可能遭到破坏，全身溃烂，医生对此束手无策。特别是性行为这种传播方式，让欧洲各国部队都遭了殃，所以这种流行病引起了社会的高度关注。

现在我们都知道了，这是一种性病。当它传播到意大利时，有人将它命名为"梅毒"。梅毒的病原体是一种螺旋体微生物。别说是四百年前，就算到了现在，它也仍然是很难对付的一种传染病。

相传英国国王有位叫康德姆（Condum）的医生，目睹梅毒在欧洲大陆大杀四方，担心它进一步攻破英国王室，便用亚麻布制作了一种套子。男性在行房事的时候可以将套子套在生殖器上，从而避免被梅毒感染。按现在的标准来看，这个套子应该叫"安全套"，但是很快它就被发现还有避孕的作用。于是一些王室成员便在偷情的时候戴上它，这样就不会出现私生子的丑闻了。大概是作为一种隐语，人们在说起这个套子的时候，总是用这位医生的名字来代替它。于是英语中就用Condom来指代避孕套或安全套。可是，康德姆医生却不乐意了，因为没有谁会希望自己的名字还有这样的含义。于是康德姆医生便从王宫逃走，改名换姓远走他乡了。

这个故事如此传奇，以至于现在说起避孕套，人们还以为它是几百年前从英国王宫里流传出来的。不过，这很可能只是为了埋汰王室而编出来的荒诞故事。同一时期，欧洲的确出现了现代意义的避孕套或安全套，它也的确是为了防止梅毒传染，但是它首先出现在意大利，而且通常也是使用动物的肠子或膀胱以及鱼鳔做成。现存最古老的避孕套在瑞典被发现，其材质就是猪肠。

这些材质的确有效——它们的密封性足够好，连水与空气都很难透过。于是避孕套作为一种能够同时避免性病传播并控制生育的性用品，就此成为人类社会中不可或缺的一种生活用品。

你的丈夫是一名法医，而你也知晓性病在现代社会流行的情况。你们没有决定生育以前，总是非常小心地进行夫妻生活，避孕套自然也是家中常备。

如今市面上最常见的避孕套是乳胶材质，也就是以天然橡胶作为制作原料。然而，天然橡胶却有着一个让人尴尬的风险，那就是过敏。天然橡胶由橡胶树的汁液加工而成，其中含有一些蛋白质。这些蛋白质可能会被身体的免疫系统判断为外来袭击者。于是全身戒备，以皮肤为代表的身体组织开始过度反应。这种症状被称为乳胶过敏反应，轻者会导致生殖器红肿，重者甚至会出现极度喘息而引发休克。

虽然乳胶过敏反应在人群中只有很低的发生概率，但是很不幸，你偏偏拥有这样的体质。小的时候，你看见别的小朋友愉快地拿着气球玩耍时，一想到手上脸上会起红斑，就会下意识地躲开。偶尔去丈夫工作的地方，他来不及摘掉工作时手上戴着的乳胶手套，你也会被吓得一身鸡皮疙瘩。但是，即便生活中的这些乳胶制品你都可以躲开，避孕套却让你犯了难。的确有些人因为乳胶过敏的问题，转而选择那些鱼鳔羊肠之类的传统避孕套。但是对你而言，内心似乎也还是难以接受这些动物制品。更何况，这些制品也没有解决过敏的问题，只不过同时对乳胶和鱼鳔过敏的人非常罕见罢了。

这个时候，你真的应该感谢化学家们的贡献了。化学家们并不只是研究人体的这些化学反应，也根据这些反应，开发出了更适合人类使用的物品。避孕套就是一个很好的例子。

如今，降低天然橡胶中蛋白质的办法已经有了很多种。利用这些方式，可以将乳胶中的蛋白质含量控制在1%以下，也可以很大程度上控制过敏的发生。当然，这些技术并不只是为了制造避孕套，更多的还是用来生产低蛋白含量的医用乳胶制品。

而你和丈夫选择的是一种水性聚氨酯材质的避孕套。这种人工合成的材质完全不含蛋白质，不会像动植物制品那样有过敏的反应。更重要的是，采用这种材质可以做出更薄的避孕套，最大程度复现两个人零距离接触时的快感。

不过，再怎样从材料方面去改进，佩戴避孕套也还是会给性生活中的男女双方带来不适，毕竟没有任何一种材料可以完全模拟出人体皮肤的触感。可是相比于避孕套最终的保护作用，这些体感的问题其实都是次要的。

伴随着优生优育理念的深入人心，白头终老的夫妻之间也仍然有节育避孕的需求。更重要的是，即便是有固定性伴侣，没机会染上梅毒之类的性病，但也仍然有可能出现衣原体感染等问题。衣原体感染同样会通过性生活传染给对方。这些问题，都可以通过避孕套，也就是安全套去避免。

然而，因为职业的关系，你却看到了同龄人中不一样的一面。那些坠入爱河的年轻男女，生理上已经接近性成熟，却没有掌握足够的性健康知识，于是在初尝禁果时走了很多错路，常因意外怀孕造成一些纠纷，甚至最终酿成刑事案件。每当你隔着铁栅栏看着这些稚嫩的面庞时，总是会感慨万千。很多事情并非他们的错，父母、学校、社会，都没有尽到责任与义务，总是把"性"视为脏东西，不肯在这些孩子懵懂之时就告诉他们正确的处置方式，甚至剥夺孩子们获取这些知识的渠道。

"老马，我觉得你提醒得对，遇到这些案件的时候我也感到很吃惊。有的女孩为了避孕，一个月就能吃上很多回避孕药。我听了都感觉头皮发麻。对了，这避孕药的化学原理又是什么？"

这个问题，就和怀孕的化学反应有关了。

3.性激素主持的聚会

怀孕的过程，是一场由性激素发起的聚会。避孕药通常都通过破坏这场聚会来实现避孕。

性激素指的是由生殖系统分泌的一系列激素，主要调节的生理过程自然也就和生孩子有关了。对于男性而言，性激素通常来源于睾丸，主要成分是以睾酮为代表的雄性激素。而你作为女性，性激素主要是从卵巢分泌的雌性激素与孕激素。

不过，这些激素并不会真的等到要生孩子的时候才出现，甚至早在你还是胎儿的时候，它们就已经参与你的一些生理机能调控了。一些动物实验表明，在幼崽出生之前人为改变性激素的水平，可以显著影响幼崽出生后的行为。通常来说，人类在婴儿时期就已经男女有别，不管是外生殖器的形体差异还是表现出的个性差异，都和性激素有关。也就是说，雄性激素让男孩更像男孩，雌性激素让女孩更像女孩。不过，雄性激素和雌性激素在化学结构上都属于甾体，是胆固醇的衍生物，因此在一定条件下，二者也可以相互转化，你身体中雌性激素的前身就是雄性激素。

所以，最初就是性激素让你拥有了更典型的女儿身，但你切身感受到性激素的作用，却是在小学毕业的那一年。尽管你的母亲已经提示过你，到了这个年纪就要开始来月经了，但是真正遇到的时候，你还是紧张得一夜没睡着觉，生殖器出血总让你有一些不太好的联想。

　　这个时候，你的母亲耐心地和你讲述：这只是排卵现象，因为卵子没有受精，不会成长为胎儿，便会以出血的形式被排出。这一次月经也叫初潮，意味着你从此进入青春期。在没有怀孕时，你未来每个月都会经历一次。这个过程可能会引起痛经之类的不适，有时甚至会是一段煎熬。

　　在很长一段时间里——自初潮后大约会延续四十年——月经周期是否规律、出血量如何等情况，都会成为你监控自己健康状况的指标。影响这些参数的，主要就是以雌二醇为代表的一些性激素。这些性激素从卵巢分泌，通过和特定的受体结合，调控包括子宫在内的各生殖器官。不止如此，这些性激素还会通过神经系统与大脑中的垂体、下丘脑联络，形成反馈作用，大脑活动也许会因此变得兴奋，但也许会因此被抑制。

　　尽管在你初潮时，生理与心理状态都远不及如今的你这样成熟，但是仅仅从这些性激素的作用来说，你在当时就已经具备了受孕的基础。所以，你也就不难明白，为什么未成年人怀孕会成为一个让你和同事们感到非常棘手的问题。也许是由于生命演化的逻辑，人类的生殖系统总是会抢先启动自己的任务，忙着将繁殖下一代的工作完成，这也是所有物种存续下来最本能的原因，但人体在这一阶段却没有真正做好准备。

　　当你进入青春期后，卵巢中的卵泡会按照顺序成熟，成熟后便会形成卵子细胞并脱落。卵泡中雄性激素与雌性激素的比例，决定了它是否能够瓜熟蒂落。正常情况下，只有为数不多的几个优势卵泡中，雌性激素水平比雄性激素更高一些，于是它们就有了继续发育的机会，不出意外，每一个月经周期，就会有一个卵子成熟。

如果说卵泡成熟是足球赛中的进球，那么雌性激素的角色并不是"前锋"，而是一个"组织型后腰"。它能组织进攻，却又需要请来多个激素协助完成：其中一大类叫作腺垂体促性腺激素；两个参与卵泡发育的成员都是蛋白质，一个叫卵泡刺激素，一个叫黄体生成素，它们的分泌过程都会受到雌性激素的调控。

顾名思义，卵泡刺激素的作用就是促进卵泡成熟，它就是那个主管进球的"前锋"。在你初潮以前，卵泡刺激素还是一种罕见的激素，但是当你进入青春期以后，每一个月经周期里它都会有规律地涨跌。有意思的是，雌性激素对卵泡刺激素起到的是抑制作

▶ **卵泡成熟**

用。当你未来绝经以后，也就是排卵不再发生时，雌性激素的分泌减弱，卵泡刺激素的浓度却会明显上升，只是那个时候它已经发挥不出多少作用了。但在排卵期间，雌性激素在抑制卵泡刺激素的同时，却也会促进两者的受体增加，以便卵泡能够更好地迎接卵泡刺激素。某种程度上，这的确很像是一名"组织型球员"对"前锋"做的事情——将节奏控制下来，组织出进攻方式，找出破绽，最后"前锋"才能一鼓作气攻下堡垒。

相比之下，黄体生成素像是一名标准的"中场队员"，它不仅会配合卵泡刺激素去想办法进球，也会增强雌性激素的组织能力。黄体生成素刺激卵泡，可以生成雄性激素。卵泡刺激素又会接着将雄性激素转化为雌性激素，完美的闭环就此形成。

这只是性激素在一般月经周期所做的一点工作，如果排卵时期，卵子与精子顺利地结合，成为受精卵，那么这一次月经就将停止。实际上，你注意到自己可能怀孕，就是在月经久久不至之时。确认怀孕后，你也就知道了，自此之后的十个月里，月经都不会光临。

在卵子受精期间，性激素还是闲不住。与多巴胺、内啡肽这些激素不同，性激素的受体并不在细胞膜上，而是在细胞内。所以，它可以钻过细胞膜去和受体结合，甚至还可以继续深入，来到细胞核内。细胞核包裹的是你最重要的生命密码，也就是你的遗传物质，进入此处的性激素会观摩遗传物质的复制过程，时不时还搭把手。

而你怀孕的消息经由神经系统传递出去以后，也会让其他一些器官联动起来。

一种被称为孕酮的激素在此时大展手脚，它也常被称为黄体酮。尽管它早已存在于你的生殖器官内，并对你的发育产生一些影响，但是相比之下，直到你怀孕期间，它才真正开始忙前忙后，帮你摆平各种难题。通俗来说就是起到"保胎"的作用，这也是它被归属于孕激素的原因。当你在医院做产前检查时，孕酮的浓度也是判断胎儿发育情况的重要依据。

与此同时，胎盘会开始分泌催乳素和人绒毛膜促性腺激素（HCG），这对你来说又是至关重要的两种成分。

催乳素，从这个名号不难看出，它的工作是控制乳汁的分泌。不过，从怀孕到生子这段时间，雌性激素还是会非常尽责地控制催乳素。这时候催乳素的主要任务是刺激乳腺发育，却不会明显分泌乳汁。直到孩子降临以后，催乳素的泌乳作用便会快速加强，以便为小婴儿提供乳汁。催乳素特殊的地方在于，它会受到自身生理功能以外的多种因素控制。当婴儿吮吸乳头时，催乳素也会随之分泌。但是，哺乳期间的母亲，在听到婴儿啼哭时，催乳素的分泌量也会增加，这便是条件反射了。

相比而言，HCG的名号你更熟悉一些——你之所以能够确认自己怀孕，正是靠着HCG验孕棒对尿液进行了检测，两条杠的结果让你措手不及，尽管在此之前早有预感。如果未曾怀孕，验孕棒只会给出一条杠的结果。当然，验孕棒并不总是很准确，所以你又去医院进行了全面检查，对自己的孕妇身份进行了彻底认证。

不只是在生殖器官，大脑里也在分泌着一些激素加入这场特殊的盛会，催产素便是其中一员。催产素也叫缩宫素，它在怀孕期间会和催乳素从事类似工作，但是到了分娩之时，它就会前去刺激子宫，子宫平滑肌受到刺激后收缩，分娩过程也会因此更顺利一些。在此之前，正是前面说到的孕酮抑制着这个过程的发生，避免出现流产的后果。

其实，催产素除了本职工作以外，也和多巴胺往来甚密。即便不在怀孕期间，大脑分泌催产素后，身心压力也会得以释放。于是催产素也常被用来治疗自闭症患者。而你和丈夫之间的亲密爱情，它也为之做出了不少贡献。

当然，性激素、催乳素、催产素等，只是参加聚会的主要成员，此外还有更多的嘉宾参与其中。可以说，在我们已经谈过的这么多生理活动中，怀孕是最复杂的一个过程。不过这也难怪，任何一个物种都以繁殖作为第一要务，人类也莫能例外。

正因为这高度的复杂性，在怀孕期间，尽管你有很好的身体素质与情绪控制能力，也明显比平时易生病、易发怒。这也难怪，如此多的激素前来聚会，难保其中会有个别激素分泌异常，你也定然会受其左右。

可想而知，若是此时再有避孕药前来捣乱，又会出现怎样的乱局？通过抑制或干扰某些激素的分泌，强行破坏怀孕生子的过程，尽管无法怀孕的目的达到了，但是身体因此受到的损害，也很难用数字去衡量。

好在你拥有一个幸福的家庭，激素分泌的小失误，也许会让你上不了班，但你腹中的孩子却在茁壮地成长着。现在，是时候说说腹内胎儿的生化反应了。

4.基因的延续

趁着在家休息，你又把防辐射服给找了出来，心中想到："从明天起，我就准备穿上它了。你们说得对，不管有用没用，至少能让别人一眼看出我怀孕了。"

这的确是一个十分重要的标志，就因为母亲没能得到应有的照顾，激素分泌紊乱或是遭遇物理性伤害，多少胎儿未能长成便匆匆流产。不过，你可能不知道，比起胎儿发育异常以至于不幸流产，更容易出差错的阶段，是在你和丈夫的遗传物质结合的时候。如果不能准确地将遗传物质传递给后代，后果也许不堪设想。

你早已在高中课本上知道了脱氧核糖核酸（DNA）。脱氧核糖核酸就像密码一样记录了你的各种信息，是人类最重要的遗传物质，也可以说是"建造"出一个人的数字化蓝图。

不像计算机用0和1构建出的数字化技术那么抽象，DNA似乎更懂得怎么去具象地落实自己的目标。每一条DNA的骨架都是由磷酸分子手牵手形成，每一个磷酸分子又会额外牵上一种核苷（磷酸与核苷的组合就叫核苷酸）。核苷由两部分组成，一部分是脱氧核糖，另一部分则是碱基。脱氧核糖决定了DNA的名字，而碱基便是密码之所在。

所有生命都只依靠四种碱基记录信息，它们分别是腺嘌呤（A）、鸟嘌呤（G）、胸腺嘧啶（T）、胞嘧啶（C）。四种碱基相当于计算机语言里的0和1，但数量却翻了倍。所以，你也就不难理解，既然计算机的字符串足够多时，只靠0和1就能传递无数种信息，那么仅有的四种碱基，只要序列足够长，可以排出的组合也可以说是无穷的。它们还能够两两配对，A总是和T牵手，而G则与C拥抱，这样DNA链条便可以拥有一条自己的镜像，两者完美契合，搭建出所谓的双链DNA，并由此形成著名的双螺旋结构。

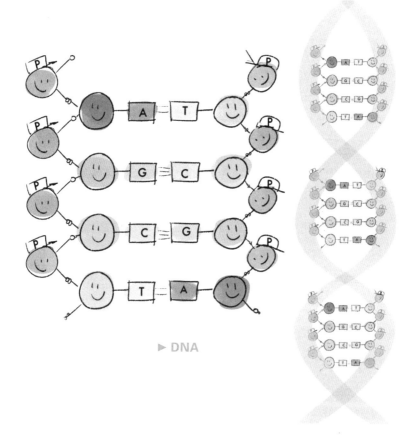

▶ DNA

每一个正常的人体细胞里都有共计23对共46条染色体，每一条染色体都是一个DNA双螺旋分子蜷缩起来的模样。当新的生命即将诞生时，父母会分别提供每一对染色体中的其中一条，在胚胎内重新成对，构成新的23对染色体。

　　除了第23对的"性染色体"，其他每一对染色体的形态都基本相同，被称为常染色体。性染色体有一大一小两种形态——大的那一个被称为X染色体，小的那一个则是Y染色体，而它们的配对可以决定一个人的生物学性别。当两条X染色体结合在一起时，性别就是女，而当X染色体与Y染色体结合，性别就是男。如果让染色体中的DNA分子完全舒展开，加起来的长度有2m，比大多数人的身高都高。对于体型尺寸还不足半纳米的碱基而言，这无疑是一个天文数字。这意味着，人体所有的DNA分子中，一共排列了大约30亿对碱基。

　　现在，借助于非常简单的数学计算，你就可以想象碱基排列的方式有多少种可能性：如果只是一对碱基，那么它顶多只有4种可能性；如果是两对碱基，排列方式的可能性就迅速上升到16种；以此类推，三对碱基是64种，四对碱基是256种……而30亿对碱基，便是4乘以4运算30亿次，这数字大到让人难以想象。

　　单纯从数字来看，人类演化出这么多碱基对，似乎有些浪费。你曾记得父亲和你讲过电话号码升位的故事：最初的电话号码只有四位数，这只能保证每个城市最多有一万部电话，而现在达到了七八位数，就可以容纳数百万乃至上千万个电话号码。以此计算，古往今来也不过出现过上千亿人，要想让每一个人都拥有属于自己的一套编码，碱基对的数量也只需要二十个而已。即使把地球上所有出现过的生命全都算上，也完全用不到如此之多的碱基。

显然问题并没有这么简单，毕竟生命体不是猜密码的游戏，让每个生命体都能拥有自己的DNA，这不是目的。DNA只有形成基因，才能把生理特征遗传下去，这才是最为重要的任务。

所谓基因，就是一段"有意义"的碱基编码。好比一段十八位数的身份证号码，第7—14位数字代表的是生日，19850802的含义是出生于1985年8月2日。要是出现了19850802，无法翻译成一个生日日期，这段数字便失去了意义。又或者，这数字被写成了19850802，虽然也有意义，但它似乎不应该出现在一张出生于21世纪的婴儿的身份证上。

对生命体来说，编码是否有意义，很大程度上取决于它能否被"翻译"成一种蛋白质，而翻译官则是另一种被称为核糖核酸（RNA，更具体来说是mRNA，即信使RNA）的分子。RNA先把DNA蕴藏的信息——也就是碱基排列的顺序——拓印下来，再翻译成最终的氨基酸序列。

蛋白质由大量氨基酸连接而成，因此只有把氨基酸按顺序排列，才有可能搭建出最终的蛋白质。于是，mRNA上每三个连续的碱基编码，可以在生命体的化学算法之下对应一种氨基酸，比如三个鸟嘌呤（G）连在一起，就可以被翻译出甘氨酸。再比如：三个胞嘧啶（C）连在一起，翻译出来则是脯氨酸。如果一段序列中出现了GGGCCC，也就是三个鸟嘌呤紧接着三个胞嘧啶，那么最终就是甘氨酸和脯氨酸连接在一起了。

生命体在这里倒是精打细算，20种氨基酸要由4种碱基进行排列之后去对应，那么两个碱基的编码可能满足不了要求，而四个碱基又太多，三个碱基刚好合适。当然，三个碱基总共可以编出64种顺序，远多于氨基酸的种类，所以不同的序列，也可能翻译出相同的氨基酸。此外还有一些多余的编码，它们决定了氨基酸进行反应的起始点与终止点。如果这些有意义的碱基足够长，就可以引导生命翻译出一条蛋白质所需的全部氨基酸序列。这样你也就能明白，为什么我们身体中很多功能都依靠蛋白质去完成。我们的每一条基因，就可以产生一种蛋白质。只要基因足够多，蛋白质的种类也就足够多。

但是这个简单的想法，又在真实的基因世界中遭到了挫折。

曾几何时，科学界也野心勃勃地推动了一场"人类基因组计划"，试图将人体中所有DNA的序列全部测定完成，并从中破译所有的基因，将每一条基因都与每一个蛋白质进行对应。这个规模浩大的项目由七个国家共同承担，投入超过30亿美元，耗费十余年的时间。这是全人类的希望之战。多数科学家都坚信，找到每一种基因及其编译出来的蛋白质，人类就可以消灭那些由于基因缺陷导致的疾病，甚至能够过一把上帝的瘾，像创建游戏角色那样去构建出一个人来。

然而事实并不如所愿。人体中有超过十万种蛋白质，那么由此推算，至少要有十万条基因，但实际数字却只有区区2.1万条。

这意味着，一条基因能够翻译出一种蛋白质，但是当基因数量足够多了以后，它所蕴含的信息却不只是合成出同样数量的蛋白质。另一方面，尽管30亿对碱基序列中，属于基因的只是其中一小部分，但是剩下的那些序列，也并非毫无意义的乱码。

由此可见，对于科学界而言，想要通过基因去认识人类的全部，仍然还是一个为时过早的目标。这其实也是在你从事刑警工作时想到过的问题：如果从DNA的序列中就能找到那些更容易让人冲动乃至犯罪的基因，是否就能提前预判一个人潜在的犯罪概率呢？看起来，这个朴素的想法并没有十足的可操作性。

更进一步说，通过基因去认识人类尚有困难，倘若是想通过编辑基因去创造出一个人，存在的风险就更不可控了。所以，在科学研究中，基因编辑仍然还是一个禁区。任何挑战禁区的激进主义者，都不会被法律与伦理所容忍，即便基因编辑的技术已经荣获了2020年的诺贝尔化学奖。

实际上，人类似乎早就意识到其中的风险。在你怀孕期间，子宫采取了极其保守的策略，几乎想尽了一切办法，只为保护你的胚胎不受到外界的破坏，确保你和丈夫遗传给胎儿的碱基序列不会出现大规模的变化。当然，在非常偶然的一些因素影响下，基因也还是会发生极小的变化，这便是所谓的"基因突变"。尽管突变相比于基因编辑而言，对基因的修改幅度小了很多，但是大多数突变对人的影响还是负面的。所以，在腹内胎儿成长到一定阶段时，你就该去做一次唐氏综合征筛查了。患有唐氏综合征的胎儿大多不能存活，即便活到出生的那一天，愚钝的大脑与发育缓慢的身体也会让患儿终日生活在苦难之中。唐氏综合征也叫21三体综合征，病因是本该成对的21号染色体异常的出现了第三个成员。

对你的工作而言，基因保守传递还有个好处，就是可以让你和同事们在抓捕逃犯、辨认遗物等工作时，可以通过分析亲属的DNA得到准确的答案，偶尔还能因此破获积压多年的陈案。

总之，到目前为止，你的怀孕进程还算顺利，但是基因是否已经顺利地延续，却还是个大谜团，直到分娩的那一天才能揭晓大半。

5. 其实是愉快的一天

偷得浮生半日闲。闲聊了半天以后，你已经扫去内心的阴霾，愉悦地看起网购平台的婴儿用品来。

"老马，你知道吗，在怀孕以前，我特别讨厌买东西，和同事们都聊不到一起去……看来怀孕真的是能让人改变性格。"你一边翻着手机，一边喃喃地说道。

其实，你的改变，并不只是因为怀孕时各种激素的变化，更因为你意识到自己准妈妈的身份了。

这个家，是否能够让新降临的婴儿满意？你有必要和丈夫好好商量一下这个问题。

Chapter 15

居家：温暖且危险的港湾

第十五章

1. 全新的育儿室

在一场并不是很激烈的争论过后，你和丈夫达成了共识：装修房子，给即将出世的宝宝营造一个良好的环境。

你们的意见相左，但理由却都很充分。

对你而言，从怀孕开始，尽管你还总是在人前故作轻松，但体内的激素变化却不会说谎，因此你实际一直处在精神十分紧张的状态中。所以，你非常在意育儿的环境，这也算不上什么非分的要求。

实际上，即便是在科技很不发达的封建时代，为临产或分娩后的孕妇营造一处相对独立的育儿空间，对于那些看重子嗣的家庭而言，也算不上什么出格的安排。你知道，中国一直流行"坐月子"的做法，也就是刚分娩后的孕妇，需要在床上静养一个月，外人不得打扰。

在古代，坐月子倒也不失为降低新生儿夭折率的一种方式。减少与外界的交流，必然也会减少被细菌滋扰的机会。古人也许不知道病菌，但是这并不妨碍他们拥有足够的生活经验。如今，"坐月子"已经成为一门生意，四处林立的月子会所，用近乎于奢侈的育儿室吸引着孕妇们的注意。只不过，同样还是坐月子，孕妇们已不再像祖先那样坐在床上，像坐牢那样一动不动，反而还可以规律地运动、洗澡，做自己想做的事。

即便如此，相比之下你还是更喜欢布置自己的育儿室，毕竟哺乳是一段值得不断回味的美妙时光，你希望它发生在童话般的城堡里。

然而你丈夫却担心，在你孕期内就装修，会让你呼吸受污染的空气，最后影响你和胎儿的健康。虽说最后还是拗不过你，但是他的意见也颇有道理，这场家居改造，你的确需要格外小心。

2.甲醛与蛋白质的纠葛

在你设计的育儿房中，甲醛也许是最大的敌人。

甲醛这种化学物质，你早已不是第一次听说，而你的丈夫作为一名法医，更是对它了如指掌。40%的甲醛水溶液通称为"福尔马林"。福尔马林能够用来制作标本，也曾是保存尸体最常用的一种溶液。不过，通常情况下，甲醛却是一种气体，能够长时间存留在空气中，对人体而言是个祸害。

"老马，你说的这些我好像都明白，甲醛嘛，会致癌。新装修的房子，还有新买的家具都有甲醛味。"

你说对了一半。

甲醛之所以能够用来制作标本，是因为它能够让蛋白质快速变性，这也是它会对人体造成伤害的关键原因。

蛋白质的变性反应，在你的生活中扮演了很重要的角色。

你和绝大多数人一样不爱吃生鸡蛋，因为生鸡蛋有腥味，不卫生，而且还不怎么好吃。但是，作为一名习武之人，不管是煮熟、炒熟、煎熟的鸡蛋，你一概是来者不拒。这倒不是因为你贪食，只因教练早就告诉你，鸡蛋是优质的蛋白质来源，像你这样需要强健体魄的人，一定要多吃鸡蛋。从生鸡蛋到熟鸡蛋，蛋白质就发生了变性。

蛋白质的变性，简单来说，就是一种具有生物活性的蛋白质丧失了原有的功能。这是因为，蛋白质是一种长链分子，像毛线团一样有规律地缠绕在一起。一旦变性以后，蛋白质就如同毛线团被顽皮的猫撕得一片狼藉，毛线也许并没有断开，却已经完全不是先前的模样，自然也就没了活性。

你还记得，你的听觉、视觉、触觉，全都要依靠蛋白质才能发挥功能。若是这些蛋白质发生了变性，你的这些感觉就会失灵。就连你能够保持清醒也离不开蛋白质的活力，大脑中某些蛋白质的变性，恰是阿尔兹海默病的根源，而这种病的俗称便是"老年痴呆症"。

一般来说，变性后的蛋白质就无法恢复原样了，但科学界却一直在努力寻找恢复的办法，若是能够成功，倒是有望用来治疗一些疾病。不过也有些人借此吸引眼球，号称能够把熟鸡蛋变成生鸡

▶ **蛋白质变性**

蛋，还让生鸡蛋孵出小鸡来，最后沦为科学界的笑柄——当然，这样的科研方向依然是值得鼓励的。

不管怎么说，蛋白质变性可以说是无处不在的一种现象。同时，蛋白质变性的途径也不少，像煮鸡蛋那样加热，就是一种让蛋白质变性的简单操作。作为食物而言，变性后的蛋白质难免会丧失鲜嫩的口感，因此至今还有不少人都更喜欢食用生鸡蛋和生鱼片。除此以外，人类从变性蛋白质中收获的好处却要多得多。

数十万乃至数百万年前，人类学会了用火烤肉，肉类食物中的蛋白质发生变性，同时分解出的一些气味分子挥发到空气中，进而又刺激了人类的嗅觉系统。于是肉类的特殊香气因此被识别。而在食用这些变性蛋白质的时候，它们受热后分解出来的氨基酸，更是挑逗了味蕾，成为"鲜味"的明显特征之一。更重要的是，一些具有生物活性的蛋白质，会被人体的免疫系统当作外来威胁，不仅不能消化，反而有可能引起一些过敏反应。煮熟后的蛋白质，虽然也还存在过敏的风险，但是相比于变性前的蛋白质来说，毕竟安全多了，更不要说人类的肠胃也更容易消化它们了。

所以，蛋白质变性这件事，如果只是针对人类的食物而言，的确是件利大于弊的操作。即便不用加热的办法，还有很多食物加工的办法可以实现这一点。比如你所钟爱的松花蛋，就是用化学方法让蛋白质变性的一种食物。传统的松花蛋在腌制时会用到氧化铅，但铅是一种有毒的重金属元素，所以如今的松花蛋制作工艺便已将其淘汰。不过这也不要紧，因为在松花蛋中，真正让蛋白质发生变性的成分，其实是石灰。变性后的蛋白质发生凝固，分解出的氨基酸与石灰结合，在蛋清表面上生长出"松花"来。

人体中的蛋白质也难免会发生变性，也许和基因有关，但更多的时候还是由环境造成。平日里，阳光里的紫外线就可能让皮肤中的蛋白质发生变性。这些失去活性的蛋白质，会让细胞的功能出现紊乱，最严重的后果大概就是细胞会因此发生癌变。当然，对于这些与人类长期共处的危害因素，人体早就有了应对办法。晒太阳久了以后皮肤会发黑，实际上就是皮肤细胞在日晒之下产生了黑色素。黑色素可以通过吸收紫外线，降低蛋白质受损的概率。当然，黑色素也不是万能的。皮肤中的黑色素太多，除了影响外在形象以外，还可能会因此形成皮肤表面的黑痣。进一步说，要是黑色素的生成失控，还可能出现凶险的黑色素瘤。黑色素瘤也是皮肤的一种癌症。

你的工作避免不了要在户外开展，特别是抓捕毒枭的时候，穿梭在热带的丛林之间，棕榈叶之间透过来的阳光还是让你的皮肤感到一种刺痛。所以，每一次出勤期间，你都不忘带上一些防晒装备，从防晒帽到防晒霜，一应俱全。在这些商品的标签上，经常会出现SPF或UPF之类的字符，它们的意思分别是防晒指数与防紫外指数，后面的数字就能代表防晒的能力。简单来说，如果数字是30，意味着在佩戴这种防晒装备或涂上这种防晒霜后，紫外线的透过率不会超过1/30，这已经算是很不错的防晒品了。你可以看得出来，数字越大，防晒能力就越强，所以你总是会根据出勤地区的日晒强度，选择不同要求的防晒装备。

不过，在你怀孕以后，每天外出散散步、晒晒太阳却几乎成了必备程序，尽管时间只有几分钟到半个小时不等。短时接受紫外线的洗礼，通常不会带来什么恶果，反倒可以刺激你的身体分泌出更多的维生素D。维生素D能够让你的骨骼更容易吸收钙质。怀孕期间，缺钙并不是什么稀奇事，毕竟你腹内的宝宝也需要吸收大量的钙质，这可能也会消耗你骨骼中存储的钙质，导致骨质疏松之类的症状。不止如此，你分娩以后还需要为乳汁提供丰富的钙质，所以，利用一切可行的手段补钙，在你今后的很长一段时间里尤为重要。

与紫外线一样，低剂量的甲醛对人体构不成什么明显的伤害。甲醛分子只比水分子多一个碳原子而已，因此自然界中产生甲醛的情况也不少见。一些水产品在捕捞出来以后，便会释放出少量的甲醛。很多有机物都能分解出甲醛，就连你自己的身体也会代谢出甲醛来。

天然产生的甲醛非常有限，而且也难以累积。它们并不太稳定的分子结构，在阳光的照耀之下会变得更活跃，并最终与空气中的氧气发生作用，变成基本无害的二氧化碳和水。

然而，人类盖起高楼，开始寻觅一些新型装修材料时，却出现了一个始料未及的问题。

在这些装修材料中，以密度板为代表的各类板材占了很大的比例，它们既可以作为房屋的结构件，也可以用来打家具，还可以作为装饰品。这些板材突出的能力，都离不开其中黏合剂的功劳。

如你所知，树木的生长总是有方向的。不管是何种木材，总能看出条纹，顺着条纹的方向就容易开裂。解决这个问题的办法很简单，只要把两片木板按照木纹垂直的方向叠起来，木板之间涂上黏合剂即可。如此一来，两片木板相互牵制，就不再容易顺着木纹裂开了。至于那些不堪大用的边角料，黏合剂也能让它们脱胎换骨——将它们干脆打成木屑，再用黏合剂把木屑黏接起来。

甲醛就来自这些胶接木板或木屑的黏合剂中。胶合板材所用的黏合剂不仅量大，对性能的要求也不低。甲醛参与形成的黏合剂，恰恰具备这些特征。它们主要分属于三大类型：酚醛树脂、脲醛树脂、三聚氰胺-甲醛树脂。这三种类型被合称为三醛胶。直到现在，三醛胶也依然是板材行业中的黏合剂主力。

在三醛胶中，甲醛起到的是交联的作用，就像两节火车之间的锁扣一样，是它让三醛胶发挥出超乎寻常的力量。所以，虽然甲醛有害的问题众人皆知，但要把它从装修材料中彻底赶出去却不是那么容易。

于是，国家便制定了民用建筑物内部的甲醛浓度标准，即每立方米室内空气中甲醛的浓含量不得超过0.08mg，因为长期生活在这个浓度以下的环境中，人体不会有明显的反应。

一旦室内环境甲醛的浓度超过限值，你可能就会感到不适。由于甲醛会和蛋白质发生反应并令其变性，而蛋白质遍布全身的每一个细胞，所以过量的甲醛在身体中也造成了全方位的破坏。如果一间房屋里甲醛严重超标，那你的眼睛会红肿干涩，喉咙也像是被什么东西捏住了一样，想咳也咳不出来。久而久之，你可能会有失明的风险，皮肤也开始经常感到瘙痒，造血系统也可能被摧毁。不少研究认为，甲醛和急性白血病之间存在关联。

对于现在的你而言，甲醛还会对生殖系统造成威胁，让胎儿出现畸形的风险急剧增加。所以，既然你打定主意要装修育儿房，也不能把控制甲醛的浓度当做儿戏。你需要严格地选择那些甲醛释放量极低的原料。

不过，还记得我说你先前只说对了一半吗？对甲醛的危害，你确实心知肚明，但是想要判断甲醛是否超标，靠嗅觉却是行不通的，因为你所闻到的"甲醛味"，其实是你需要警惕的另一个幽灵。

3.难缠的VOCs

如果你新买的家具让你感觉有异味，那你就得留个心眼了，看看房间里的VOCs是否超标。

VOCs是一大类化学物质的统称，全称是可挥发有机物，严格来说就是那些沸点在50~260 ℃之间的各类有机物。正常条件下它们都是液体，但很容易就能挥发成气体，其种类数以万计。甲醛在常温下就是气体，并不在此列，而典型的VOCs则包括苯、甲苯在内的各类有机物，也不乏香水散发出来的那些香气物质。

这多少会让你感到有些意外，新家具散发的难闻异味如何能与沁人心脾的香水并列？但这样的分类不无道理，香水中可以呈现香气的精油，浓度低时会让人感到愉悦，但浓度较高时却有可能令人恶心。实际上，有些香水中用到的吲哚类有机物，和粪便中的一些成分并无两样。即使浓度一样，不同人对于香和臭的看法也大相径庭，大蒜、大葱、韭菜和榴莲这些食物，有些人趋之若鹜，有些人却避之不及。

所以，你对一种气味的评价是好是坏，并不能代表它的属性。据此标准，生活中接触VOCs的机会并不难得，节日期间在家里摆上一捧百合，也会显著提升房间里的VOCs指标。

通常来说，天然来源的VOCs不会对人体造成明显的危害。这或许也是因为，人类在经历了数百万年的演化之后，身体已经适应

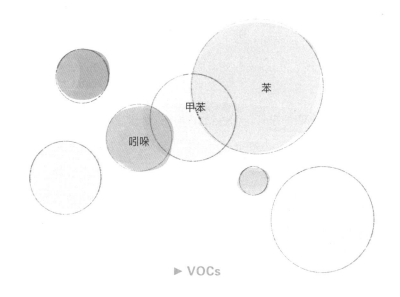

► VOCs

了和它们接触。所以，人类自古以来就对香薰情有独钟，帝王和妃子们会在花香之中沐浴，文人墨客会点上香烛之后再挥毫丹青，虔诚信徒则会焚香祷告，而他们所用的香料就从各种动植物中提取，从松香、紫檀到麝香、龙涎香，不一而足。

　　但这也不能一概而论。就以松香为例，你近来看中的松木家具就会散发出松香的气味，而这种香味正是诱惑你下决心采购的主要原因。但你的母亲却不是很同意，她曾听说，松木中含有的松香可能会让人流产。

　　尽管松香与流产的关系还不明确，但是你母亲的担忧却也有几分道理。松香是一种常见的药物辅料，其中富含的萜烯类物质，的确可能让人过敏，应当慎用。所幸的是，松树中的松香并不算多，那些松木家具还不至于对你造成什么实际危害。

也有少数天然精油可能会带来严重的后果，樟脑便是其中之一。你的母亲常常将它放在衣柜中，而它挥发时释放的气味物质足以将细菌、真菌熏得失去活力。樟脑是早年间就流传下来保护衣物的一种药剂，的确非常有效，但你的母亲并不知道，它对人类来说其实属于神经毒剂。成年人若是服用了樟脑，只要15g左右就会殒命，即便不及中毒而亡的剂量，也不免会引起癫痫、恶心等症状。正因为此，待你的孩儿出生以后，你要切记将樟脑全都收走，以免婴孩误食。

相比于这些天然来源的VOCs，你在装修期间接触到的那些人工合成材料中的VOCs，大多具有刺鼻的气味，而你一直误以为的甲醛气味，其实就是以甲苯为主的一些苯系有机物。

苯是一种并不复杂的有机物，它美丽的对称结构曾让很多人为它着迷，而它独特的气味让它赢得了"芳香烃"的美称，但它的毒性却又让人不得不退避三舍。

与甲醛一样，苯也是一种致癌性比较强的化学物质，并且也容易造成胎儿畸形，这可能和它很容易进入细胞有关。然而，苯并不像甲醛那样容易发生化学反应，到底是通过什么方式让人体遭殃，依然是一个值得研究的问题。

因此，在日常生活中，你不太可能会碰到苯，更可能接触到它的两个"兄弟"：甲苯与二甲苯。它们具有和苯相仿的特性，也隶属于芳香烃，具有特殊的气味，只是不具备苯那样的伤害性，致癌性与致畸性都比较弱，只是容易引起呼吸道疾病。

在装修材料中，甲苯这样的芳香烃会被用来作为油漆或者黏合剂的溶剂。在给家具刷上油漆或是将地毯黏接到地面上以后，这些油漆、黏合剂中的溶剂便会开始挥发。你时常在花园里看到写着"油漆未干"的凳子，那便意味着甲苯之流还处于挥发的过程。

其实，相比于甲醛，要想在新装修的家中杜绝甲苯更为困难，若是想控制所有的VOCs更是难上加难，还好它们的危害总体也不及甲醛。因此，按照国家标准，室内环境的VOCs的浓度不应该超过每立方米含量0.5mg，比甲醛还是宽松了许多。

即便如此，你在挑选家装材料的时候，还是需要精挑细选，去选择那些VOCs排放量更低的产品。通过嗅觉，你大致可以给出判断，不过更科学的检测办法，还是需要专业的检测仪器才能完成。

当你完成装修以后，甲醛和VOCs的含量依然超标，也不必过于慌张。通风是最好的解决方案，你可以在装修时，同时在房内安上你早就在琢磨的新风系统。当这些幽灵一样的气体在室内累积之时，借助于高效率的空气交换，你可以将它们驱逐，给你和未来的婴孩赢得一片净土。

至于绿植和活性炭之类的保护方式，你可以将它们当作是和防辐射服一样的保护机制，虽然用处没多大，倒是也能让你感到舒心一些。

等到完成这一切之后，你就要仔细考虑一下琳琅满目的各色婴儿用品了。

4.塑料里暗藏的环境雌激素

你首先物色的婴儿用品是奶瓶,这曾是你母亲和你的噩梦。

"老马你知道的,我出生的时候,爸妈也都有工作,不能天天在家,就只好让我奶奶过来照顾我,把母乳挤在奶瓶里喂我。结果……"你回忆起往事,有些哭笑不得。

我想起来了,那时候天气冷,你的奶奶给你热了奶瓶里的乳汁,放在你摇篮的桌板上凉一凉。结果,你大概是饿了,居然想去自己抱住奶瓶,谁知道奶瓶太烫,你没抓住不说,还给它撂倒了。玻璃奶瓶就此滑落,乳汁洒了一地,把你奶奶还给吓了一跳。不过,最倒霉的还是你,当时还没断奶的你对辅食没什么兴趣,于是饿了大半天。

当然,这些事情你自己早就不记得了,还是母亲后来和你说起这些逸事。但你的身体确实有记忆——每当你准备抓起玻璃瓶子的时候,总是小心翼翼地先触摸一下,看看温度是不是合适。

实际上,打破玻璃杯或者陶瓷碗,类似的经历让很多孩子形成了痛苦的身体反应,即便父母毫无责怪的意思,孩子自己也可能被玻璃或陶瓷碎裂后的切口给划伤,心理留下黯淡的阴影。

所以,你的母亲无论如何也要你去挑选塑料的奶瓶,不能再让你的婴孩走你的老路。

然而,塑料奶瓶并不总是那么安全。

在你搜索塑料奶瓶时，很多商家都与你信誓旦旦地保证，自己的奶瓶一定不是聚碳酸酯塑料做成的。

聚碳酸酯是一种外观透明的塑料，又被叫作PC塑料。用它做成的瓶子也曾风光过一段时日。你读书时，很多同学喜欢用一种"太空杯"喝水。哪怕是从几层楼上摔下来，它也不会破碎，的确有种"太空"科技的气质，也正是因为这种特质，让PC塑料曾经成为奶瓶的主要材料。

然而，在合成PC塑料的原料中，有一种叫双酚A的成分，简称BPA。BPA让PC用于食品包装时多了一些风险。

你一定还记得，从你还未出生之时，到你如今已经怀上孩子的这一整个周期中，还有你即将度过的余生里，全都离不开各种性激素的作用。特别是雌性激素，让你更有女性的特征与魅力。

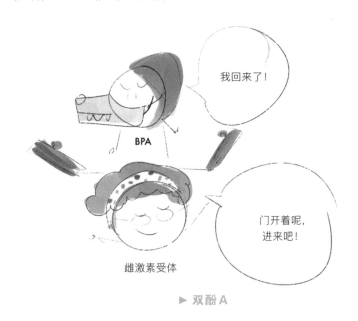

▶ 双酚A

但是，PC塑料里残留的双酚A却让事情变得有些微妙。从结构上来说，双酚A和雌性激素并没有太多的相似性。在身体里，它居然可以和雌性激素的一些受体发生作用。于是，这些受体接触到双酚A时，就会误以为是雌性激素传达了什么消息，身体中很多成分的分泌过程便发生了紊乱。

　　于是，当孩子们长期用PC塑料的杯子饮水时，体内的双酚A含量便可能超出正常水平。男孩子体内的双酚A超标，可能会出现一些女性化的特征，而女孩子体内的双酚A超标，则会出现月经周期无序或过早发育的问题。

　　一些调查结果显示，城市中儿童尿液中的双酚A含量不容乐观，这当然不只是因为PC塑料的奶瓶或水杯，生活中还有其他一些食品饮料可能会有双酚A的迁移问题。比方说，你在这次装修以前，家中没有安装净水机，一直都用饮水机。饮水机配套的蓝色透明水桶，实际上也是PC塑料，也是产生双酚A的源头之一。

　　有些双酚A的来源甚至更加隐蔽，比如易拉罐饮料，你可能会觉得它是铝合金的外壳，看上去很安全。但实际上，铝合金的易拉罐很容易被酸性的饮料腐蚀，要不了多久就会被锈出洞来。所以，易拉罐的内表面还覆了一层只有几微米厚的涂料。通常，这层涂料的材质是环氧树脂，而它的主要成分之一也恰好就是双酚A。

　　如今，双酚A潜在的危害已经让很多人开始警惕，首先被淘汰的就是PC塑料的奶瓶。所以，这也就难怪商家们会对你说起奶瓶材料的问题了。

　　你可能很好奇，如果不用PC塑料，这奶瓶现在还有什么安全的塑料可用？说起来，候选者还真不多，最常见的无非就是聚丙烯和聚砜类的替代品。

聚丙烯塑料简称PP。你对它并不陌生。那些写着"微波炉专用"的塑料碗，通常都是由它制作。实际上，作为一种通用塑料，它的价格比PC塑料更低，用它替代PC塑料是一种降级。PP奶瓶的耐老化能力一般，特别是经常加热之后，它容易产生一些像裂痕一样的纹路，在阳光下可以反射出银色的光，故而称之为银纹。所以，PP塑料并不耐久，若你选择了它，也要记得及时更换。

相比之下，聚砜材料似乎更适合用来加工奶瓶，它不仅外观秀丽，不含有双酚A，而且耐老化性能极佳。你搜索时看到的PSF、PSU或PPSU材质，它们都属于聚砜这一类。唯一的不足在于，它们的价格让你有些犹豫。

不管怎么说，当你在为孩子挑选奶瓶的时候，还是要把双酚A这事考虑在内。虽说这并不能完全杜绝生活中环境雌激素的来源，但是一步步改进，总还是可以给孩子营造一个更舒适的环境。

基于同样的原因，对于你正在寻找的一种水晶布，我也要劝你谨慎选择。

新装修的房子看起来非常舒适，但也不可避免地分布着一些锐角的部位，你很清楚地知道，这对孩子而言存在着不小的威胁。

你的想法很符合一位准妈妈的责任——只要用一些软塑胶把这些部位包起来，形成一层缓冲垫，也就不用担心孩子被它们割伤了。

可以用作缓冲垫的软塑胶有很多种，但你对天然乳胶过敏，便只好选择其他一些塑料制品，一种看上去很漂亮的水晶布让你眼前一亮。

但你也许不知道，这种水晶布中也可能含有一类"环境雌激素"。

这类塑料的学名叫聚氯乙烯，简称PVC，原本是一种硬质的粉末塑料。为了能够让这种塑料定型，就难免需要加入一些增塑剂，添加量越多，最终成品就越软。像水晶布这样的PVC塑料，增塑剂的含量可以达到三四成。若是增塑剂含量达到一半，PVC塑胶甚至用于制作医用检查手套。打个比方，你在家也曾和过面，如果说PVC塑料本身是那些面粉，那么增塑剂就好比是和面时所用的热水，两者充分混合之后，面团才能定型，甚至还有了些弹性。

而PVC塑料的风险，也便出在了这增塑剂上。长期以来，PVC塑料的增塑剂使用的都是邻苯二甲酸酯系列，它的性能确实不错，添加在PVC塑料中也不容易析出。

不过，当这种塑料和食物接触时，又或者直接咬嗑它们的时候，总还是有些增塑剂会发生迁移。而这种增塑剂被人体摄入以后，居然也可能发挥雌性激素的作用，这不免让人感到担忧。

很多年前，PVC塑料还是儿童玩具的主流原料。你想买来放在浴缸里的小黄鸭，早些年通常就是PVC的杰作。但在如今，它要么已经不再使用邻苯二甲酸酯的增塑剂，要么干脆连PVC塑料都给换了。

所以，如果你想把那些育儿房里那些尖锐的地方包裹起来，不妨也去寻找一些聚氨酯或硅橡胶的缓冲垫。聚氨酯材质简称PU，它是很多鞋底使用的材料，对人体而言还算可靠。至于硅橡胶，如果你注意看，奶嘴一般使用的就是它，自然也就不用担心它会对孩子带来什么风险了。

当然，在给孩子挑选各种物品时，你还需要面对各式各样的塑料制品。随着技术的发展，塑料制品也在不断地进行着更新。不过单就环境雌激素而言，主要值得担忧的就是PC和PVC这两种塑料。

5.新的旅程

　　在你的精心布置下，育儿房总算变得像模像样。当你的母亲看到最终成果时，她惊讶得合不拢嘴。的确，科学在发展，物质在进步，她这一代人学习的很多传统习惯，在当今已经不再适用，而你所选用这些材质，却能够在最大程度上保护你和婴孩的安全。

　　你的丈夫在这段时间里也付出了很多，你所提出的每一个想法，他都要奔赴现场进行筛选。虽然他拥有足够专业的基础，但面对一个又一个现实问题时，还是有些摸不着头脑。

　　"装修确实是个很累的事！"你似乎有些后悔当初草率的决定，但很快就为自己找到了更合理的理由，"一辈子也装修不了几回，为了这个安乐窝，也值了！"

　　但你的丈夫显然并不满足于这个安乐窝，他也在羡慕诗与远方。这一次，他的理由让你无法拒绝——你们相处多年，就连结婚都没有安排过蜜月旅行，这实在有些遗憾。

　　"老马，你看我老公都提意见了，你知道该怎么往下写了吧？"你狡黠地对我说道。

　　嘿，被你这么一说，我都想跳进书里过过二维生命的生活了，只需要动笔却不需要花钱的环球旅行，倒也浪漫得很呢！

Chapter 16

旅行：给灵魂放纵的机会

第十六章

1. 一场说走就走的旅行

你和丈夫的工作非常忙碌，两人似乎总难找到一起放假的日子，安排的旅行日程却总是难以落实，一拖又过去多年。于是，你们正式的旅程，来得就有些突然。

在一次毒贩抓捕任务完成以后，你顶着一头乱发，来到丈夫工作的地方。又脏又黑的面庞，让你的丈夫一下子都没能认出你来，三四秒以后，才兴奋地把你抱了起来，甚至还原地转了一圈——你差点因此飞了出去，他的力量似乎还不足以应对你多年习武的体格。

记不清这是你第几次成功地执行完任务，只是这一次，你的丈夫似乎悟到了一股"往事不可谏，来者犹可追"的灵感，心疼地望着你的脸，又坚定地拿起电话。

这一次，他决定立即放下手中的工作，带你来一场说走就走的旅行。无论是职业还是孩子，此刻都没有你更重要。他拿起电话安排好一切以后，便换掉工作服，而你也乘机抹了一把脸，整个人顿时精神许多。

最后，订上时间最近的国际机票，你与丈夫二人双双开启了度假模式。

你知道，我也只能在书里才会给你安排如此利索的出行。毕竟现实当中，即便不用操心旅费和行李，也还要先去等待签证的发放。等到了真正出行的那一刻，你的心境早就和诞生"旅行"这个想法时的那一刻有了云泥之别。

2.水土不服的尴尬

你和丈夫的第一站就来到了浪漫的波西米亚，他哼起了《波西米亚狂想曲》，但你却无力观赏那些美丽的手工艺术品，更别说游览那些中世纪的古堡了。

你的丈夫说，这可能是水土不服。但你却有些不以为意，因为这种夹杂着传统思维的说法，更像是你的奶奶会说出来的观点。那一年你外出读书，奶奶甚至从农村老家背来一袋灶土，说是到了外地以后身体不适应，可以用它泡水喝。你知道这是经典的古方，也知道它实际没多少用，不好意思驳了奶奶的面子，在行李中装上这些土，却只是用它来养了一枝花。

不过，"水土不服"听上去虽有些土气，却也蕴含着深刻的科学道理，它反映出你身体中正在进行的生化反应出现了某种变化。

你可能还记得多年前因"乳糖不耐"带来的尴尬，那曾是让你断奶的一种机制。随着年龄的增长，母乳中的乳糖不再能够被你完全消化，反倒会让你的腹内感到一丝痛楚。然而奇怪的是，最近这些年你为了防止身体钙质流失而经常喝牛奶，即便牛奶中也含有乳糖，喝下去以后却好像也没什么大不了。莫不是你的体质发生了什么变化？

如果只看属于你自己的那些细胞，当然不可能会有太大的变化，遗传信息更是保持稳定——如果它们发生了变异，你的生命恐

291

怕都已了结。但是，在你身体中存活的那些细胞，携带的基因并不都属于你，甚至可以说，大多数都不属于你。在你成年以后，把所有内脏、组织全都算上，各部位的细胞加起来大约有50万亿个。但是，你身体中还有很多细菌，它们的个数估算下来，可以达到100万亿个。每一个细菌也都有一个细胞，而它们显然和你并不是同一个物种，拥有和你截然不同的基因。

所以，单纯从细胞数量来看，人和细菌，到底是谁寄居在谁的身上，并非想象中那样一目了然。

人体中的细菌分布在很多部位，口腔、皮肤、毛发……都可以觅得它们的行踪。你肯定还记得那些藏在腋窝中分解脂肪的细菌，它们说不定就是导致"狐臭"发生的元凶。不过，相比于这些部位，更多的细菌生活在肠道之中，它们甚至是你肠道健康的守护神。

你出生的时候，是你离开无菌环境的时候，也意味着你开始了与细菌共存的旅行。虽然也有一些早产的婴儿会在无菌保育箱里生活一段时间，但这也不过是权宜之计，待到他们的免疫系统足够强大以后，还是要步入这个与细菌共舞的世界里。

最初进入你身体中的细菌来自母乳。准确地说，它们是你母亲携带的细菌，伴随着母乳一同被你喝下。在这之中，乳酸杆菌家族占了很大的比例，它们在地球上广泛分布。母乳中的这些细菌，也有幸成为你肠道中的首批居民，它们在这里定居，或者用学术的语言来说，是在你的肠道中定植了。这是非常关键的一个步骤，因为最先定植的肠道菌会决定未来菌群的"风格"。有一些与乳酸杆菌不对付的细菌，或许就没有定植的机会了。这与人类建立聚居地的逻辑有些相似，一群精干的拓荒者必然不会允许懒惰的人来分享胜利的果实。可以说，母乳中携带一些细菌，让你和母亲之间达成一种默契，也为你的肠道菌绘制出底色。

　　此后，在你饮食或是进行其他行为的时候，细菌仍然会不断定

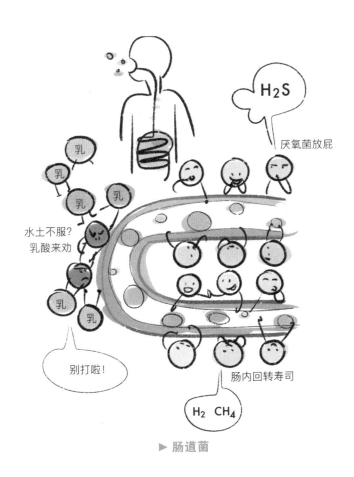

▶ 肠道菌

植，这也让你的身体做出相应的对策。属于你身体的那些细胞不仅接纳了它们，而且还达成了某种程度的合作。在正式合作之前，你的免疫系统首先会识别出这些细菌，并受到刺激，得到显著强化，从而能够在这些细菌定植的同时，抵御它们入侵造成的感染。

当你的肠胃将食物磨碎并消化以后，各类营养成分会被吸收，剩下的一些残渣便顺着肠道继续行进。于是，肠道内的这些细菌顿时活跃起来，它们从这些残渣中获取能量，获取它们所需的各类化学成分。在此之后，它们也会将一些成分进行分解，并重新释放到肠道中。

在这个过程中，有些细菌分解出来的成分，对你来说也许是有害的。比如：葱蒜这些百合科的植物气味浓重，适合用作调味品。这类植物中的含硫化合物异常丰富。含硫化合物的气味普遍令人印象深刻。这也让葱蒜等食物收获了两极分化的评价：喜者疯狂而厌者掩鼻。

一般来说，含硫化合物对身体有益处，有一些还有抗癌的作用，所以多吃葱蒜是个不错的健康生活方式。然而，肠道菌的存在却让问题变得有些复杂。肠道的空间逼仄，血管也不发达，是一个天然缺氧的环境，于是那些不需要氧气就能生存繁殖的厌氧菌就选择了此处。当你吃下葱蒜之类的食物以后，其中的含硫化合物也会被厌氧菌当作零食，从含硫的有机物结构蜕变成一种叫硫化氢的成分。同样的化学反应，在鸡蛋中也会发生：鸡蛋若是储存不善，其中的硫元素就会转化为硫化氢。所谓的臭鸡蛋气味主要就是硫化氢的杰作。

硫化氢不只是臭味熏天，还是一种毒性很大的气体。为了安全，通常规定空气中硫化氢的浓度不超过每立方米10mg，否则长期吸入即可造成中毒。而在你的肠道中，厌氧菌产生的这些硫化氢，如果不能再被其他一些细菌利用，就难免会被你的肠道吸收，给身体造成些许的伤害。

　　不过，你的身体还算智能，遇到这种情况的时候，也会采取一些措施，其中最常用的一种早在你无法消化乳糖时就已熟练掌握——放屁。硫化氢会撩拨你肠道中的神经，让你产生排出气体的冲动。如果你足够敏感，甚至可以分辨出硫化氢和肠道中其他气体的区别。也就是说，你在一定程度上可以预测接下来即将放出的屁，会不会是臭不可闻的类型，从而就可以提前做出准备。若是身边有其他人，你或许还需要回避一下，以免尴尬。但是不管怎么说，憋住硫化氢不释放都不是一个明智的选择。

　　不过肠道中的细菌并不总是会给你带来如此难堪的体验。绝大部分时候，它们与你相安无事，只是将你的身体当作寓所。甚至有的时候，这些房客们还会给你奉上一些礼物。

　　还是说厌氧菌这个大家族，它们不只是会让含硫化合物转化为硫化氢，更多的时候会利用食物残渣里的碳水化合物，使之产生氢气、甲烷等气体。

　　在地球上所有已知的稳定物质中，氢气的体型是最小的，穿透力也非常强，肠道上的薄膜并不能将它阻挡。于是，厌氧菌产生的这些氢气便会顺利地来到血液中，可氢气在血液中的溶解量着实有限，因此其中大部分都会随着你的呼吸系统排出体外。不过，医学界对于溶解在血液中的这点氢气却很有兴趣，它们具有超强的还原性，似乎可以清除掉血液中的一些垃圾，甚至还有抗癌的效果。

这种机制启发了不少医学领域的研究人员。谁能料想，这种神奇的"药物"居然是细菌馈赠给我们的礼物？

对乳糖不耐现象的减弱，是肠道菌群给我们的另一个礼物。尽管你并不具备消化乳糖的能力，但是当你因为某些机缘巧合，肠道中定植了能够分解乳糖的细菌以后，牛奶中的乳糖也就不再对你构成太大的威胁了。

由此你会发现，肠道中的细菌是一个庞大而又复杂的组织，在我们看来，它们寄居在人体内的本意只是为了获取一点未曾被完全消化的食物残渣，吸收其中的营养，卑微地实现物种的繁衍。在此进程中，虽说它们一般不打扰人体的代谢过程，但是生物之间的羁绊并不以意志为转移。于是，从人类的立场出发，我们将身体中的细菌分为不同的类型：对人有益的细菌，就有了益生菌的名号；那些可能会让人生病的细菌，便被称为致病菌。当然，有些致病菌并不总是会致病，它们就被称为条件致病菌。也就是说，在一定条件下它们才会致病。比如：大肠杆菌（大肠埃希氏菌）作为大肠部位最为普遍的细菌之一，并不会在肠道中就对你造成显著的危害，可它一旦错误地侵犯了其他部位，就有可能造成感染，引起腹泻之类的疾病。

实际上，有些人去异地旅行时容易腹泻，就是因为在外不注意饮食卫生问题，不慎吃下被大肠杆菌或其他一些细菌污染的食物。这些细菌在抵达胃部以后，如果没能被胃酸全部杀死，就会继续繁殖，并最终突破免疫系统构筑的防线，使腹部感到明显的绞痛，同时还可能伴有呕吐或腹泻的症状。

这种症状，倒是与你此时的身体状态有些相仿。但你和丈夫在旅行途中的食物完全一样，若说是食物不卫生，似乎不应该由你独自承受苦果。事实上，你常年在外出勤，身体对致病菌的防御能力更优于你的丈夫，卫生问题的确不应该成为肠道不适的理由。

但它很可能还是与细菌有关。

肠道菌到底通过何种机制与人类形成互动，至今依然没有准确的解释。或许，这又是一种"涌现"现象。这个词汇专门用于描述整体行为超过个体行为线性总和的现象，比如蚂蚁、蜜蜂这样的社会性昆虫早已为我们展现了涌现现象的巨大力量——如果只是研究单个动物的本领，我们无法想象蚁巢、蜂窝这样设计精巧的建筑会是它们的杰作。因此，作为单细胞生物的细菌尽管没有大脑，不可能具有思考能力，但是数以万亿计的细菌组合在一起，却像是拥有了某种智能一样。于是，你身上的细菌菌落便也成了你的专属标志，甚至潜移默化地改变着你的行为习惯。

所谓"水土不服"，多数时候就是你的肠道菌表示"不服"。它们对陌生的环境感到不适，或许是对新的饮食系统不满，又或许只是因为冷暖干湿的环境变化让它们始料未及。

应对水土不服的办法，除了逐渐适应，还可以通过补充益生菌的办法缓解。尤其是乳酸菌这个人类的老朋友，它努力地维持着肠道中的菌群平衡。所以，当肠道菌因为环境变换而出现骚乱之时，乳酸菌这样的益生菌就会挺身而出，主持肠道中的大局。

"你的意思是说，我应该去喝一些乳酸菌饮料？"你揉着小腹，有气无力地说道。

　　其实，在你打不起精神的这段时间里，你的丈夫已经默默为你准备好了益生菌药片。

　　"试试吧，或许有用。"他对你说道。

3.维生素C的妙用

离开波西米亚，你和丈夫又来到西班牙的塞维利亚。这是一座千年古城，厚重的文化与众多的名胜让它成为游记中的圣地。热情的弗拉明戈舞更是这座城市最具吸引力的一张名片。但你的丈夫显然对此并无十足的兴趣，他更想前往哥伦布启程的地方，眺望远方的海洋，重温数百年前大航海的豪迈热情。

当人类试着去征服海洋之时，医药科学也得到了长足进步，来自南美洲的金鸡纳霜就谱写了一段跨越数百年的不朽传说。也许是出于职业的敏感，你的丈夫每每想到此，都会有些心潮澎湃——即使不说发现新大陆以后带来的收益，航海这件事本身，也提供了人类自我认识的一个契机。

他所回忆的，便是维生素C和坏血病。

当哥伦布升起船帆横渡大西洋时，就已经将自己的生命置于危险的边缘。在那个时代，长时间航海，与其说是对未知世界的一种探索，还不如说是一场经常找不到敌人的战斗，无论是谁，随时都有可能在搏斗中死亡。几个月的行程，即便没遇到海盗打劫，又幸运地躲过风暴的袭击，伤病也依然是船员们最恐怖的噩梦。

在所有这些疾病与伤痛之中，最令人感到绝望无助的可能就要数坏血病了。坏血病被称为"海上瘟疫"，哪怕是穷凶极恶的海盗，也会对它的威名感到后背发凉。当一名船员因坏血病而倒下时，等待他的很可能就是死亡。在死亡以前，他还要经历疲倦、厌食、瘀血、牙龈出血、骨痛等各种程度的症状，直到病情加重，生不如死。

奇怪的是，看起来这么凶险的疾病，患病的船员只要回到岸上，就会开始好转，不知不觉就痊愈了。这其中的奥秘，在18世纪时由英国一名军医揭示。他准确地指出，柑橘、卷心菜之类的食物治好了坏血病。

大海行船时，如果长期不能靠岸，那船上的食物难以补给，新鲜蔬菜与水果严重不足。正是因为食谱的变化，海员体内缺乏了果蔬中的某种成分才患上了坏血病。一旦新鲜果蔬的供应恢复了，坏血病又会不治而愈。这个结论让人们深深舒了一口气。邪恶的坏血病并不是一种会传染的瘟疫，而且防护方法竟如此简单。

不过，虽然人们早已知晓坏血病发病的缘由，但如何让船员避免患病，也仍然是个大问题。很多远航的船只都在舱内装上柳橙、柑橘、柠檬之类的水果，船员必须每天食用。然而，在闷热的船舱中，柑橘这样的水果并不能保存太久的时间，跨洋漂流的船员们还是苦不堪言，只盼着早日登岸。

后来的故事你就很熟悉了，果蔬中这种能够预防坏血病发生的成分便是大名鼎鼎的维生素C，因为它的特殊功能，也常被叫作抗坏血酸。在此之前，你已经知道了维生素A和视觉系统的关系，知道了维生素D与骨骼生长的关系，也偶尔听说过维生素B族和维生素E。相比之下，你最熟悉的似乎还是维生素C。这些维生素的共同特征，是它们在身体中的含量很少，也无法完全靠自身合成满足需要，必须从食物中进行补充，而且它们参与的一些生理反应，对人类而言往往生死攸关。不得不说，"维生素"这个词的中文翻译太过传神，而维生素C和坏血病的联系更让人印象深刻。

维生素C防治坏血病的原理并不十分复杂，主要就是因为它具有突出的还原性，可以清除血液中的一些具有强氧化性的有害成分，比如你或许还记得活性氧自由基。虽是氧气的产物，ROS的氧化性却要强得多，能够对细胞造成不可逆转的伤害。只因氧气分子在参与体内代谢反应的时候，并非总是那么温和，偶尔也会像出错的电脑程序一样，露出狰狞的一面，ROS便因此而产生。坏血病的出现，就和ROS长期积累得不到清除有关。你肯定还记得，前面说到的氢气，就是因为具有强还原性而被医学界关注，或许它也可以有效地清除ROS。相比于氢气的不确定性，维生素C的作用却在二十世纪里被广泛研究。没有人再怀疑它的功能，甚至20世纪最伟大的化学家鲍林（在说到化学键的时候已经提到过他）提出：每天服用超量的维生素C可获得长寿。鲍林活到93岁，十分长寿，这是否就是维生素C的功劳，无人能够判断。毕竟，我们对维生素C的研究还远远不够，因为它还与坏血病以外的很多生理进程相关，甚至会参与到基因的修复过程中。

即便是血液中的维生素C，它的功能也不只限于对抗坏血病。你还记得，出生后的第一件事便是呼吸氧气。血液中的铁元素是人体中运输氧气的载体。铁元素并不总是具有携带氧的能力，只有处于二价态的时候才有效。ROS会让铁元素转变为三价态（价态是铁脱去电子的数量。二价态代表脱去两个电子。三价态则是脱去三个

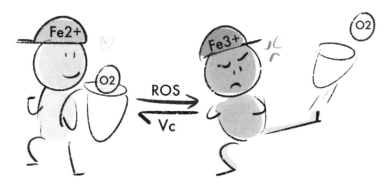

▶ 败血症

电子），导致血红细胞的活力下降。医学检测时却容易将此种疾病误判为缺铁性贫血。实际上，这时候盲目地补铁并不合适。过多的铁元素会让身体面临新的危险。相比之下，维生素C却不失为一剂良药，它在血液中上演了一出围魏救赵的好戏——那些已经转化为三价态的铁，还有那些有可能继续兴风作浪的ROS，都会与维生素C发生作用。

当你和丈夫来到塞维利亚的巴罗斯港怀古时，手提包里正装着一瓶维生素C的补剂。对你来说，这是一个不可能遗忘的习惯。每一次出勤在外时，新鲜果蔬都不一定能够满足身体的需求。多亏了哥伦布那个时代的航海先驱们，你知道这意味着什么；也多亏了大量研究人员不懈的努力，你知道用什么办法可以应对困境。

在过去的数十年里，人工合成维生素C的技术已经越发成熟，以至于如今只需要付出一个馒头的价钱，就能够换来一瓶维生素C，其中每一片的维生素C的含量都不亚于一颗橙子。尽管从品味的乐趣来说，人工合成的维生素C完全不能与橙子媲美，但是对于出勤在外的你而言，却可谓是雪中送炭。

当然，你更喜欢的还是泡腾片。每次看到这种水面跳跃的景象时，你总是会由衷地相信，生命也会因为维生素C而律动。

想到此，你望着哥伦布们曾经收起船锚的地方，缓缓地取出小瓶，倒出两粒维生素C泡腾片，递给丈夫一粒："我们不喝酒，就用它来泡水告慰他们吧。"你们各自将泡腾片投入瓶装水里，细小的瓶口让喷涌变得更加剧烈，碰到一起的两只瓶子，就仿佛是跳起弗拉明戈的两位舞者。

4.失温的恐惧

离开热情的西班牙后，你和丈夫还计划造访更炎热的撒哈拉沙漠，背上睡袋和水，在沙漠里穿行三天三夜。

这是个艰巨的任务，甚至比起你在丛林里的出勤，困难还要大得多，但你总是希望在有生之年挑战自己的极限，何况还有心上人愿意承担风险和你一起疯狂。

然而，当你兴致勃勃地请来向导时，却被浇了一头冷水，颜面尽失——你和丈夫准备的睡袋根本不合格。你心里想，这睡袋是根据自己丰富的户外经验而准备的，怎么可能会不合格？

向导说的理由让你更是感到有些匪夷所思——你选择的睡袋太薄了。

冷静思考之后，你才回忆起来，作为一名缉毒警，其实早就接触过这些常识，只是太久没有经历类似环境的实战，有些生疏。而你丈夫的职业素养此刻也被唤醒了，"失温"这个词脱口而出。

撒哈拉沙漠和你平时外勤的地方很不一样，没有丛林，没有沼泽，有的只是漫无边际的沙子，以及稀疏分布的绿洲。相比于树林与水域，沙子的导热能力要强得多，热容却要低得多（升高到同样温度时需要的能量更少）。这也就意味着，每当太阳升起的时候，沙子更容易吸热升温，正午时分甚至可以达到六七十摄氏度。生鸡蛋都可以放在沙子上煮成熟鸡蛋。然而当夜晚来临之时，沙子也会将白天吸收的热量毫无保留地释放，温度也因此迅速降低。所以，当你埋伏在丛林中时，白天若是夏季，夜间说不定还是夏季。此时你最大的敌人是蚊虫蛇蚁。然而，你即将挑战的撒哈拉沙漠，白天虽是盛夏，夜里却是凛冬。如果你的防寒装备不充足，就会遭遇你丈夫所说的"失温"，要是严重失温还得不到有效的救治，就很可能会被冻死了。

在炎热的撒哈拉沙漠被冻死，听上去有些荒诞，但它却是真实存在的风险。实际上，在类似一些温差巨大的环境中，失温的事故并不罕见。你也曾听说，有的运动员穿着短袖参加越野跑步比赛，却因为一场大雨被不幸夺走了性命。

不过话又说回来，你也有些想不通，面对突如其来的低温，人体又怎会如此脆弱，丝毫没有招架之力，甚至都没有自救的机会？

的确，同样作为哺乳动物，人类对于低温的耐受力比很多动物都会更差一些。即使不和那些原本就生活在极地的北极熊、北极狼、北极狐相比，就是和生活在同一地区的马牛羊等家畜相比，也很少会在牧场被夏夜的寒风吹出生命危险来。

毫无疑问，我们引以为傲的全身性散热系统，让我们在与猎物们追逐搏斗时不至于身体过热，却也让我们不得不付出比它们更怕冷的代价。为了应对低温，人类倒是也演化出一些御寒的手段：打寒颤就是最常用的招式。

当身体感受到最初的寒意时，大脑首先做出的反应就是设法释放更多的热量。这个光荣的任务通过神经系统交给了肌肉，特别是骨骼肌。接到命令后的骨骼肌立即做出反应，消耗其中残存的三磷酸腺苷（ATP），肌肉神经也会在此过程中突然紧绷形成寒颤，这是获取热量最快速便捷的办法。

有的时候，寒战并不因为寒冷而出现，反倒是因为发热。身体发烧是因为免疫系统加大"工作力度"所致，体温也会比平时高出一两度。在这个时候，发烧的患者感受到的是一股寒意，时不时地开始打寒战。发烧如何能够引起寒战，至今还没有定论，或许是因为体温升高以后，大脑感知环境温度的"标准"也提升了，相比于平时便更容易感到寒冷。

不管怎么说，通常在一阵寒战以后，你都会感到有股暖流从身

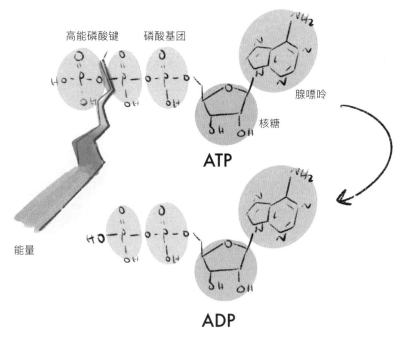

▶ 打冷颤 ATP

体中流过，让你对寒意的抵御能力似乎又多了几分。

然而这不过是一种假象。身体中并不会特地储存ATP，因此紧急消耗ATP的方式虽然有效，却不能持久，身体依然只能按部就班地去消耗葡萄糖之类的能量物质。与其说寒战是在赐予你热量，还不如说是通过这种"一激灵"的形式，提示你身体失温的风险正在来临。此时，包括心肺和大脑在内的身体核心区域，都还没有因为寒冷而受到显著的影响。若只是打了一个寒战，你完全有能力和意识做出正确的应对操作，比如披上外套或躲进避风港，让身体不再处于寒冷的环境中。

可你要是只背着薄薄的睡袋就钻入了撒哈拉沙漠。寒夜来临之时，就算是骨骼肌通过寒颤的方式进行报警，你也没有任何靠得住的外援。此时，身体还会进一步自救，能够作为汗液排放的体液已经成为累赘，频繁排尿便好似"短尾求生"的本能。水的比热容（注：比热容是指单位质量的物质温度每升高1℃所吸收的热量，通常情况下，水的比热容是4.2J/(℃·g)，即每克水的温度上升1℃就要吸收4.2J的热量）高过绝大多数物质，这就意味着，排泄出与体温相当的尿液实则是巨大的热量损耗，但也好过继续提供热量去维持它们的温度。退一步说，这依然是一种告警，没有丧失活动能力的肢体还可以在此时展开自救。

如果还是找不到温暖的港湾，那么你的血液循环系统就只好做出一个艰难的决定——降低对肢体的血液循环，只保证核心区域的体温正常。如果连最后这一点要求都不能满足，那么这些核心区域的温度也将下降，进入真正意义的失温状态。到了这个时候，失温的患者已经无力自救，只能期待环境温度的变化，或是在他人的帮助下脱困。

作为法医，你的丈夫在工作中也接触过一些因失温而丧生的遇难者。令人有些奇怪的是，这些人被发现时，不仅没有蜷作一团，还把身上的衣服给扯开了。"我们用的术语是，反常脱衣现象。"你的丈夫解释道。

当失温愈发严重时，大脑也无力回天，只能缴械投降。于是，血液循环系统重新启动，身体核心区域残存的一点温血，便会迅速贯通到全身。此时冻僵的肢体顿时感到温暖，甚至还有些发热，就想把衣服脱去。这一丝温度还让已经意识不清的大脑觉察出幸福的

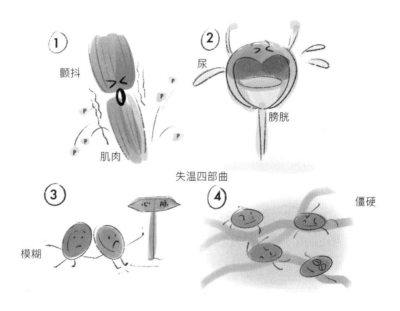

▶ 失温

味道，嘴角也下意识的上扬，这微笑便会定格下来，成为遇难者最后的写照。这种反常现象，也让救护失温者的过程变得有些棘手。有时候哪怕只是给患者喝一杯热水，就可能将其置于危险境地。

这一切凶险，背后的本质原因便是化学反应的速率。当你发烧的时候，身体中各种生理化学反应会变得更快。当你身处低温环境时，这些反应又会变得更慢，满足了生理过程的需要。你获取的能量少了，可你丧失的能量却比往常更高，真可谓是雪上加霜。

在重温了有关失温的知识以后，你和丈夫又重新挑选了一款冬季睡袋。不止如此，你们各自还配备了一张保温毯，毯子内部覆了一层铝箔。铝箔能够反射红外线，所以你身体向外辐射的热量也会被保温毯更好地收集起来。有此装备，你和丈夫的这趟撒哈拉之旅必将万无一失。

5.旅行札记

这趟说走就走的旅行，你和丈夫全然忘记了生活中的纷纷扰扰，更没有工作事务的烦恼，有的只有沿途的欢乐。

但是长途旅行，也让你们体会到出门在外的各种不易，身体也在忍受着煎熬。

出于几百万年狩猎生涯延续下来的本能，每个人至今都有一颗不安分的心，总想着去探索世界，哪怕只是走走那些别人已经走过的路。但是，在长期的定居生活以后，人体已经对野外生涯感到些许的陌生，身体中的各种生化反应，已经不再是为了奔波的生活而量身打造。

水土不服、坏血病、失温症，这些还都算不上真正极端的环境，但身体中的化学物质与反应就已经很难适应各种变化。然而，月球表面的极热极寒、太空的低压、深海的高压……这才是人类未来旅行面临的真正考验。很遗憾，人体自身的调节功能不可能适应如此急剧的环境变化，不得不依靠诸如益生菌、维生素C或者铝箔保温毯等外援。

总之，"人体内的化学反应并不是万能的"，这是你在旅行札记中写下的一句话。

环游世界的旅程如此，那么人生的旅程又该如何？你不禁陷入了思考。

第十七章

衰老：不可逆转的特征

1.突如其来的衰老

不知不觉，你已经度过不惑之年，人生之路似乎不再充满荆棘与不确定性。

但是生平第一次去口腔医院补牙，却让你感到有些沉重。

这是你人生中的第二副牙齿，也叫作恒牙。在你七八岁的时候，它们就已经"服役"了。没想到陪伴你这么多年，它们竟提前退休了。

不过，这件事怨不得它们，因为你对它们的照顾确实也不到位。

在你出生后不久，长牙这件任务就紧锣密鼓地开展起来了。那是你拥有的第一副牙齿，也被叫作乳牙。乳牙的生长恰恰是为了帮你吃下更多类型的食物，不必那么依赖母乳。

乳牙仅仅陪伴你几年，就匆匆脱落，换上了恒牙。至今你还记得换牙期的一些糗事：有一颗牙齿是夜里脱落的，怕是吃到了肚子里，你还总担心它会像种子一样生根发芽。

恒牙，顾名思义就是不会再发生变化的牙齿。如果保护得当，它的确会伴你终生。只不过，几十年的时间里，它需要应对各式各样的食物，如冷的、热的、酸的、麻的。每一种食物都在对它的意志进行考验，再坚固的牙齿也难免会遭到破坏。

作为骨骼的一部分，构成牙齿的主要成分之一也是羟磷灰石。可是，牙齿至少比一般的骨骼还多出一份撕咬食物的职责。除了坚固，牙齿还需要锋利、耐磨，这就超出羟磷灰石的能力了。好在羟磷灰石还有个好兄弟——氟磷灰石。氟磷灰石只是把羟磷灰石中的氢氧根离子换成了氟离子，硬度却有了质的飞跃。氟磷灰石附着在牙齿的表面，就像那些陶瓷制品的釉质一样，故而也被称作牙釉质，或者叫珐琅质。

牙釉质虽不厚实，却是你能够随意嗑瓜子的功臣。只不过牙釉质刚而易折，韧性不足。在身体不缺乏氟元素的时候，牙釉质生长得很完整，可以很好地发挥功能。正所谓过犹不及，如果生活的地区水质不佳，身体摄入的氟元素过多，氟磷灰石也不容易健康发育，结果色素沉积在牙齿表面，形成难看的牙斑，俗称氟斑牙。

更常见的问题来自于不良的生活习惯，你的蛀牙便与此有关。年轻时练习功夫，你曾经非常自律。然而人到中年，你也想尝试一些新生活，便开始对含糖饮料爱不释手。残存在口腔里的糖引来

羟磷灰石　　　　　　　　　　　蛀牙菌

▶ 衰老牙齿氟化

细菌在此繁殖。大量的细菌在口腔中分泌出各种酸性物质，甚至连牙釉质都给腐蚀了。于是蛀牙也便形成了，更科学的说法是出现了龋齿。

你并非不知道糖分容易引起蛀牙，只是没想到自己的牙齿居然这么脆弱。但你不知道的是，随着年龄的增长，你的组织器官与免疫系统都已开始退化，这也正是身体衰老的体现。

事实上，在文明出现以前，人类在自然条件下的寿命仅有二三十年，这也就意味着，为了应对自然界的挑战，人体的各项组织器官在漫长的生命史中，并没有演化出满足更长寿命的性能。中年以后的衰退对任何人来说都是不可避免也不可逆转的趋势。

此刻，你半躺在口腔医院，被麻药局部麻醉的嘴巴说不出话来。虽然你早已见过比这凶险十倍百倍的场面，但听着口腔里金属敲击的声音还是有些不寒而栗。为了缓解你的紧张情绪，医生便和你聊起行医生涯的逸事，谈到牙齿退化的原因。可是不聊还好，一聊你反倒更紧张了，因为不知怎么就从糖的话题说到了糖尿病。他顺口就说起，吃糖太多是不良生活习惯，牙坏了还能补，糖尿病才真是麻烦。这一听，你恨不得此刻就捂住换牙手术做到一半的嘴巴，火速去查验自己的血糖。

2.失控的胰岛素

你对血糖的担忧绝非杞人忧天，因为你的同事中已有多人患上了糖尿病，他们自称糖友，常常坐在一起叹息身体衰老的无奈。

糖尿病的外在表现是易口渴且尿频。古代人所说的"消渴症"，按照现代医学的划分标准，就应当属于糖尿病。之所以叫现在这个名字，只因出现这种病症时，通过医学监测，发现尿液中的葡萄糖浓度严重超标。不过，如今在筛查糖尿病的时候，通常采用的是测定血糖的方式，因为这样的诊断结果更为准确。通常来说，如果一个人血液中的葡萄糖浓度，空腹测量时超过了每升7mmol（相当于每升血液中1.26g），或是餐后2小时超过了每升11.1mmol（相当于每升血液中2g），都可以判断为糖尿病。

糖尿病本身并没有特别可怕，无非就是食物中的能量物质在转化为葡萄糖以后，在代谢环节中没有得到很好的利用，顺着尿液排了出去，人体因此会更容易饥饿乃至消瘦。对于想减肥的人士而言，这似乎是个福音，但事实并非如此。伴随着糖尿病而生的各类并发症，会让患者处于一种"慢性绝症"的恐慌中，心脑血管疾病、糖尿病足、尿毒症等一些会让人病亡或痛不欲生的疾病，在糖尿病患者中都远比普通人群中更高发，而它们都是几乎无法治愈的疾病。

正因为此，糖尿病已经成为这个时代最让人心惊胆战的疾病之一，每个中老年人都不敢忽视它。在中国，糖尿病患者的比例接近10%。可以说糖尿病是一种相当高发的疾病。你的口腔医师说得对，不健康的生活方式就是造成当今糖尿病高发的重要原因。

在你的同事中，不乏和你一样锻炼了半辈子而感到懈怠的人，他们在饮食上的稍稍放纵，在体重秤上得到了最直观的反映。也有一些同事，因为事业和家庭的压力长期缺乏睡眠，或是过度消耗自己的体力。这些人里，已经有好几位出现了糖尿病，正应了不良生活方式和糖尿病之间的关系，这也是你忧心忡忡的原因。

但你也有些困惑，在这些糖友中，居然还有年轻人的身影，而他们却是刚刚参加工作不久的活力青年，不仅热衷于锻炼，饮食方面也很规律。

很明显，同样是糖尿病，也有不同的类型，医学上通常用1型糖尿病和2型糖尿病来指代，但它们也还不能覆盖所有的病例。在糖尿病的知识地图中划分出1型和2型，只不过是因为人类迄今为止初步识别出了两个熟悉的路标，剩下的广阔空间却依然还是未知的区域。

与你同龄的那些糖尿病患者，多数因不良生活习惯而患有2型糖尿病。2型糖尿病患者的年龄通常较大，所以此类疾病也被称为成年型糖尿病。让你感到困惑的那些年轻人，患上的实则是1型糖尿病，它主要和遗传有关。1型糖尿病患者年龄比较小，故而此类疾病也被称为青少年型糖尿病。

不过，不管是1型还是2型，谈到糖尿病，都绕不开胰岛素这种激素物质。胰岛指的是胰腺上的一些细胞，它的主要功能就是分泌胰岛素。葡萄糖、乳糖、核糖等物质都会刺激胰岛分泌胰岛素。

1型糖尿病

线粒体

正常胰岛素

▶ 糖尿病Ⅰ型

胰岛素是身体中唯一能够降低血糖的激素。一旦胰岛素的分泌失控，血糖也会因此失控。

你也许还记得，身体中有很多酶参与到葡萄糖的代谢过程中，它们共同完成了史诗般的"三羧酸循环"，这是你的细胞获取能量最常采取的途径。如果说完成三羧酸循环的线粒体是细胞的发动机，那么胰岛素就是油门，而它的任务就是调节代谢进程，将葡萄糖顺利地从血液送入细胞，给发动机提供燃料。

1型糖尿病患者通常因为遗传因素，胰岛素分泌的绝对量不足，葡萄糖非但难以进入三羧酸循环的进程，在氧气的作用下转变为对身体几乎没有毒性的二氧化碳与水，反而误入歧途，采取其他方法代谢。甚至不只是葡萄糖，就连脂肪也是如此，它们最终都会产生一类被称为酮体的物质。在正常人体内，这样异常的过程也会发生，但它只是一些意外的插曲，谈不上显著的危害。可对于1型糖尿病患者而言，这个过程却喧宾夺主，以至于酮体的浓度会上升到令人中毒的水平。如果把这种异常的代谢途径比作是燃油在发动机里的不完全燃烧，那么1型糖尿病患者的细胞在工作时，就如同是冒着黑烟尾气的故障车，燃油消耗了不少，可车子就是没劲儿往前跑，最终形成的那些物质毒性还不小。

2型糖尿病人的胰岛素分泌情况也出现了异常。不少人在患上2型糖尿病以前，都曾有过"胰岛素抵抗"的经历。除去可能存在的遗传因素，摄糖过量是最绕不开的理由。

这并不是一个很容易理解的逻辑关系，我们不妨就从你钟爱的荔枝说起。

苏东坡曾经说过："日啖荔枝三百颗，不辞长作岭南人。"不过，东坡居士很可能并没有长时间体验过每天"三百颗"荔枝的口

▶ 胰岛素抵抗

福——当一个人短时间吃下大量荔枝之后，很容易遭遇"荔枝病"，患者会因血糖急剧降低而晕倒，甚至休克致死。

和很多常见的水果不同，荔枝的甜味来自于其中丰富的果糖，而不是葡萄糖或蔗糖。在人体内，果糖可以在酶的作用之下，转化为葡萄糖并最终为身体提供能量。然而果糖对于胰岛素分泌过程的刺激，却不需要太多时间。血液中果糖的浓度一旦上升，胰岛就立刻做出了反应。

于是在这个时间差里，血液中对胰岛素敏感的葡萄糖迅速进入细胞内开始代谢，血糖浓度陡降，荔枝病便出现了。谁能料想，勤快的胰岛素竟惹出了大麻烦，但问题的根本却是因为贪吃荔枝导致短时间摄入了太多果糖。

如果人体经常摄入一些精制的含糖（碳水化合物）类食物，胰岛素的分泌就将经常处于类似的不稳定状态。为了防止胰岛素捅娄子，身体只能采取被动的防御措施，降低对胰岛素的敏感性，血糖不再急剧下降，这便是胰岛素抵抗的由来。某种程度上说，这是身体的自我保护机制，只是这样一来，当血糖浓度处于较高水平时，要想将其控制下来，就需要更多的胰岛素才能完成任务了。

显然，如果生活习惯得不到改变，胰岛素抵抗便会一直持续下去，直到有一天，身体再也不能分泌出足够多的胰岛素，高升的血糖迟迟难以被吸收代谢，2型糖尿病便正式形成了。

除了饮食以外，还有很多生活习惯也会影响胰岛素抵抗，但是研究并不透彻。不管怎么说，改变饮食是第一步。你暗暗地说，从今天开始，拒绝高碳水，拥抱高蛋白！

慢着，你的丈夫似乎有话要说。

3. 痛风的痛

和很多中年男士一样，你的丈夫在进入中年之后，也更加注重生活品质。他开始跟老丈人一同饮茶，偶尔也会学着那些满口养生经的朋友，在茶杯里放上几颗枸杞；他开始早睡早起，吃过晚饭后总要去健身房里出上一身汗；为了增加更多的肌肉，他还在食谱中增加了大量高蛋白食物，尽管自己掌握的科学知识并不完全支持他这么做。

结果也不尽如人意，像很多男性一样，你丈夫的脚踝遭遇了前所未有的剧痛，他立刻明白这是一种被称为"痛风"的疾病。

很多时候，痛风和 2 型糖尿病会在同一个人身上发作，因为它们都是代谢系统发生了故障。但是痛风并没有被视为糖尿病的并发症，它有自己独立的病因，也就是血液中尿酸浓度异常偏高。和糖尿病一样，血液中尿酸的变化也和不良饮食习惯有很大关系。

尿酸在血液中不易溶解，若是浓度很高，很容易就会析出细小的尿酸结晶来。这些结晶，或许会在肾脏或尿道形成，最后长成肾结石或尿结石。更普遍的情况是，尿酸结晶出现在关节处，导致骨骼之间的相互运动被严重阻碍，有时候还伴有炎症。于是，痛风就此发作，发作的部位几乎不能动弹，肩不能挑手不能提，甚至每走出一步都是巨大的煎熬。

这还只是外在表现，实际上血液高尿酸的风险并不限于此，诸如冠心病、心力衰竭之类的疾病似乎也和高尿酸有着脱不开的关系。

追本溯源，人体内尿酸水平的提升，实则是生物演化的结果。它源于远古的一次基因突变。基因突变使在人体内将尿酸氧化的尿酸氧化酶无法分泌，肝脏也就不再能够顺利地将尿酸降解成尿囊素，将其排出体外。这似乎是一次失败的突变，毕竟自然界中的鸟类与爬行动物，还有除了人类与大猩猩以外的哺乳动物，都没有在演化进程中丧失降低尿酸的技能。

然而，一些研究也认为，在人类食物短缺的时期，血液中尿酸水平的提升也带来不少优势。你一定还记得，咖啡因会刺激你的神经系统，让你的思维与身体反应更加敏捷，更好地应对环境中的挑战。尿酸的结构与咖啡因有些相似，因此血液中较高浓度的尿酸，对于远古时期的人类祖先来说，会更有利于狩猎行为。另一方面，尿酸有助于保护维生素C，甚至还带有一点抗氧化的功能，这也是一项不能被忽视的功能。你知道，维生素C的缺乏曾让大航海时代的航海家们饱受坏血病的威胁，而这同样也是长距离狩猎需要克服的困难，高尿酸恰好可以降低维生素C缺乏带来的风险。

只可惜，到了如今这个年代，高尿酸的这些优势并不显著，反倒成了一种代谢负担。

尿酸的前体物质是嘌呤。嘌呤的出现不仅和饮食有关，更离不开身体中核酸的降解。作为遗传物质，核酸用两种嘧啶与两种嘌呤编写了密码，填在每一个细胞之中。由于细胞总在不断地完成新老替代，那些卸任的核酸也只得卷起铺盖，转变为一些小分子随着尿液排出。在此过程中，嘌呤便会转化成尿酸。因为人体不能将尿酸进一步氧化，所以尿酸便是嘌呤代谢后最终的形态。

在成年人体内，通常会保有大约1200mg的尿酸，每天都会经尿液和汗液排出其中的大约六成。这也就意味着，每天从食物获取以及核酸分解所产生的新鲜尿酸差不多也有同样的数量（大约700mg），才能保持体内尿酸均衡。对于那些尿酸偏高的人群来说，这个平衡已被打破，要么是排出尿酸的速度偏慢，要么是产生的尿酸过多。就这样，尿酸不断累积，直至体内保有的尿酸达到新的平衡点。

出乎意料的是，作为体内尿酸的两个主要来源，食物的占比远远不及核酸分解，两者大致呈现2∶8的比例。也就是说，尿酸高不高，主要取决于自身的代谢。

但这并不意味着饮食习惯的调整对调节尿酸水平不重要。身体中之所以会产生更多的尿酸，与体质肥胖直接相关。良好而规律的饮食习惯对于肥胖的控制很有帮助。更重要的是，与胰岛素抵抗相仿，短时间食用超出肝脏与肾脏的处理能力的高嘌呤食物，会使尿酸在血液中堆积。此时身体对于高尿酸水平的敏感性下降，代谢嘌呤的能力反而会减弱。

而你的丈夫近年来酷爱健身，剧烈运动也会引起血液中尿酸水平的上升，同时还会抑制尿酸从体内排出。与此同时，他所补充的高蛋白食物，都是些牛肉、海鲜和豆腐之类的食物，这些同时也是高嘌呤食物，并且蛋白质中的一些氨基酸也会代谢出尿酸。种种原因，让他最终体验了痛风的滋味。实际上，对于痛风，男性患病率通常可以达到女性的三四倍。你的丈夫理应对痛风更加重视，避免遭受更大的痛楚。

在此之后，他下调了锻炼的强度，还把增肌的高蛋白食物换成了鸡蛋，降低了高尿酸风险。然而对于鸡蛋，你却是非常抗拒，其中富含的胆固醇，似乎又是什么洪水猛兽。

4.并不那么可怕的胆固醇

受制于传统观点，很多人都把胆固醇视作是一些疾病的象征。特别是冠心病、脑血栓、动脉硬化这类会让人猝死的疾病，仿佛只要沾上胆固醇，生命就快要了结一般。

所以，我首先需要正本清源——当你看到"胆固醇"这个字眼的时候，千万别把它当成是一种毒药。实际上，胆固醇对你的身体而言非常重要，甚至可以说，想要延缓衰老，也离不开它的帮助。

最初发现胆固醇的来源是动物的胆石，因为它是一种固态的醇类物质，便有了胆固醇的名称。从结构上说，它具有甾体结构，所以也常被叫作胆甾醇。当然，更通俗的一种分类方式将胆固醇划定为脂类，因为它和脂肪之间有着千丝万缕的联系。不过，胆固醇毕竟不是脂肪，和此前我们说过的甘油三酯完全不同，顶多只能被称为类脂。

胆固醇的这种甾体结构，实则是很多物质的骨架。除了此前说到过它可以作为甾体性激素的原材料，胆固醇还被用来合成肾上腺皮质激素、维生素D_3、胆汁酸等重要组分。而在细胞膜等一些生物膜中，以及神经系统中的神经纤维中，也缺不了它的身影。如果血液中的胆固醇含量太少，免疫系统的功能会大打折扣，对身体中癌细胞的识别能力减弱，罹患癌症的概率便会增加。

总之，胆固醇对身体的好处可以说上一箩筐。然而，人们对它谈之色变也并非无风起浪，一部分胆固醇对身体健康的确有风险。因此，有些更理性的人把胆固醇分为两类："好"胆固醇和"坏"胆固醇。顾名思义，好胆固醇对身体有好处，那些危害生命健康的事情全是坏胆固醇干的。

不过，这个简单的划分方式虽然通俗易懂，却也让人感到有些困惑：不管是好胆固醇还是坏胆固醇，它们的化学结构并无差别，又如何能够区分出好坏？

实际上，让胆固醇出现好坏之分的根本原因并非胆固醇自身，而是与它相结合的两种脂蛋白。这两种脂蛋白在人体中负责运输胆固醇。这两种脂蛋白，根据其密度的差异，分别被称为高密度脂蛋白（HDL）和低密度脂蛋白（LDL），前者与胆固醇结合成高密度脂蛋白胆固醇（HDL-C），后者结合的产物则属于低密度脂蛋白胆固醇（LDL-C）。

载有胆固醇的脂蛋白不溶于水，所以它也会像尿酸那样从血液中析出，只不过析出的不是晶体，而是黏稠的液体。坏胆固醇之所以坏，就是因为当它在血液中的浓度上升后，会沉积在血管壁形成斑块，导致动脉粥样硬化。如果这些沉积在血管壁的斑块脱落，就会形成血栓突然将血管堵住。这很可能引发心肌梗死或脑梗死，极度危险。

高密度脂蛋白胆固醇可将胆固醇从血液搬运到肝脏。在肝脏里，胆固醇会被氧化成胆汁酸，并随着胆汁被一同排出。

所以，胆固醇是好是坏，取决于脂蛋白载体的类型。低密度脂蛋白带着胆固醇随心所欲地乱窜，结果在血管中制造了很多"垃

► LDL

圾"，而高密度脂蛋白却像是清运车，负责将这些垃圾运走。

　　尽管这个解释合情合理，但是与糖尿病不同的是，糖尿病人注射胰岛素就可以使血糖浓度下降，而对于高胆固醇血症患者来说，采取各种方法补充高密度脂蛋白，对于胆固醇的加速代谢都收效甚微。显然，我们对胆固醇的认识也还非常肤浅，或许只有从源头进行控制，才可以降低胆固醇对身体的伤害。

　　与尿酸一样，胆固醇的来源一部分是身体的合成，另一部分则是食物，而且身体的合成也要远多于从食物中摄取的量。所以，像蛋黄这样的高胆固醇食物，控制其摄入量也不失为一个办法。因为胆固醇与脂肪之间的亲密关系，很多富含脂肪的食物，像猪油、猪肝等，同时也是高胆固醇食物，所以你们只能更多地选择植物性来源的脂肪。可是，考虑到胆固醇在身体代谢过程中的重要作用，就算不从食物中获取胆固醇，身体也会非常积极地合成胆固醇。至于是否真的需要严格控制胆固醇的摄入量，还是要在全面检查之后再做定夺。

其实，在你开始步入中老年生活之后，身体的衰老就已经是一个不可避免的事实。糖、蛋白质、脂肪，这些都曾是你在吸食母乳时期就梦寐以求的营养物质，如今你却要想方设法地控制它们的摄入量。

想到此，你也就不难看透这世上的一些骗局。

5.破产的酸碱体质论

电视里，你经常看的健康节目曝出一桩大新闻：风靡全球的"酸碱体质"言论居然是一个骗局，且最初炮制出这一说法的骗子已经落网，还被罚了很大一笔钱。

我曾和你提到过酸碱性，而在你学过的化学课程里，也已经涵盖了这些知识。用酸碱的眼光去看待这个世界，可以说是一件自然而然的事，自然得就像我们会用"男"和"女"去区分每个人的性别一样。

最初，我们的味觉形成了"酸味"的概念，那是用来评价果实是否成熟的技能。你还是婴儿的时候，可不像现在这样能够接受柠檬和白醋的刺激，哪怕只是酸奶这种程度的酸味，也会让你酸得皱起眉头。这不怨你，对酸味不喜是人类的本能，要不怎么会有"心酸""酸楚"这样的词汇呢？

对酸味食物的敏感，是因为我们味觉系统会探测到其中的氢离子。任何一种含有氢离子或者会在水中产生氢离子的东西，都会让口腔察觉出酸味。

而在人类文明的漫漫长河中，我们也渐渐学会了如何降低食物中的酸味。有的时候，这是一项非常必要的操作。

面包是最常见的烘焙食物之一，它是先在面粉团中放上酵母菌，等到发酵完成以后再高温烘烤得到的食物。面粉中含有很多淀粉。酵母是一种真菌，它分泌出淀粉酶将淀粉分解成葡萄糖，又以葡萄糖为食获取能量。葡萄糖在发酵过程中，被转化为乙醇和二氧化碳。乙醇是葡萄酒里让你迷醉的成分，而二氧化碳到了烘焙时会受热膨胀，给面团带来无数个气孔，面包也就疏松了。

　　但是烘焙也有事与愿违的时候，如果酵母过于勤劳，发酵就不只会产生乙醇，还会产生乙酸。乙酸正是醋汁中让人感到发酸的成分。一旦出现这种情况，烘焙出来的面包就像变质了一样，味道让人一言难尽。所以，在烘焙时就需要对酸味进行中和，能够做到这一点的就是碱。而你的母亲经常会用到的碱面，实质上就是一种叫纯碱的化学物质。纯碱，也可以管它叫苏打。它的学名则是碳酸钠。有意思的是，纯碱在化学上并不属于"纯粹的碱"，这让它的名字看起来多少有些戏谑。但是不管怎么样，它确实有碱性。

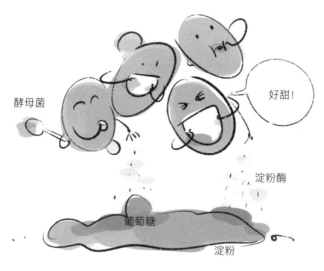

▶ 酵母菌消化淀粉

碱性与酸性相反，酸性物质会释放出氢离子，而碱性物质则会吸收氢离子。在水里，碱性物质吸收氢离子的工具是一种叫氢氧根离子的颗粒，这也让酸碱性有了量化的基础：当氢离子的数量比氢氧根离子更多时，即为酸性，反之为碱性；当两者大致相等时则为中性。你已经学到过pH值。一般情况下，pH值为7代表中性，比7更小的数字代表酸性，比7更大则是碱性。

然而在身体内部，酸性与碱性的纠葛远不是烘焙面包这样简单。血液之中，碳酸钠的近亲碳酸氢钠在此站岗，守卫着你血液的酸碱平衡。碳酸氢钠也叫小苏打，本身带有一点微弱的碱性，所以你的血液也是弱碱性，pH值在7.4附近。

碳酸氢钠既能和酸性物质反应，也能和碱性物质反应。于是血液的pH值总能够在碳酸氢钠的调节之下，保持非常高的稳定性。某种程度上说，血液甚至因此变得有些骄纵，根本容不得pH值出

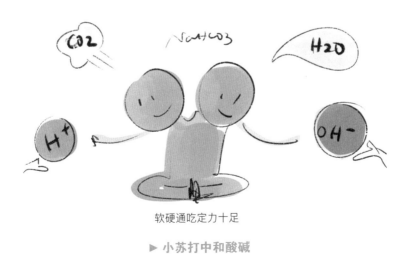

软硬通吃定力十足

▶ 小苏打中和酸碱

现显著的变化。假如血液pH值低于7.35，就可以被视为酸中毒。这往往是因为一些疾病导致，比如1型糖尿病会代谢出大量酮体，它们就可能会造成酸中毒。反过来，当血液pH值高于7.45时，就属于碱中毒了。这通常也和疾病有关，比如肺病导致呼吸不畅，就有可能让身体出现碱中毒。

所以，无论是酸中毒还是碱中毒，都是身体出现严重失衡的表现。那些宣扬"酸碱体质"的骗子，正是利用了多数人知识的盲区，声称人体若是变成酸性体质，就会患上很多病，所以就要通过一些食品或补品，把身体调节成碱性体质。殊不知，人体原本就有着精确的调节系统，不同的食物并不会改变血液中的pH值。

可就是这样，数以亿计的人都被它的科学外衣给迷惑了，对酸碱体质理论深信不疑。有人为此散尽家财，更有人为此丢了性命。

可是冷静下来你就会发现，这些打着"科学"旗号的理论，恰恰是枉顾了真正的科学。我们人生的每一步都离不开化学，酸碱的分类也不过是化学中一个寻常的概念。若是我们能够对化学略知一二，又怎么会上这个并不高明的当呢？

或许，这才是"化学人生"的真谛吧。

逝去：永恒的归宿

第十八章

1.无言的告别

地球上所有的生命都是依靠化学反应而生存的。就你而言，从出生以来的这些化学物质与化学反应，就已经汇聚出一部书，而这还只是人类目前知道的这点皮毛中有些许代表性的一部分——事实上，为了避免文字过于琐碎，有一些术语名词我也未能解释，只能留给你自己查询。我们有理由相信，生命就是一座庞大的化学熔炉，每一个生理过程背后都离不开一连串化学物质参与的一连串化学反应。

近百年来，这个猜想吸引了无数人，大名鼎鼎的"还原论"也与此有关。典型的还原论者认为，复杂系统可以被分解为各部分的和，因此把生命解释为化学反应的组合，似乎也无不妥。

然而，虽然生命体的生理过程的确可以解构成一个个化学反应，但是这些不具有生命特征的原子、分子，究竟是如何组合出一个活灵活现的生命的？这个问题却成了还原论者难以逾越的鸿沟。

同样，这条鸿沟也限制了人类对死亡的认识——生与死的区别是什么？或者说，在死亡的那一瞬间，人体又发生了何种化学反应？

甚至这条鸿沟也限制了我的文字，以至于我不知道应该如何落笔收尾。

"矫情！"你用苍老的声音这般说道。

或许是吧，我用了将近三年的时间，描绘了你的一生。三年的时间很长，以至于我不得不一再拖延交稿的日期；一生的时间又太短，短到你的故事不得不到此戛然而止。

你的口吻像是有些恨铁不成钢："老马，这拖泥带水的样子……可不像。在二维的主角人物里，甭管是孙悟空还是贾宝玉，也别说是冉阿让还是斯嘉丽，有一位说一位吧，又有谁像我这样，拥有如此完美的人生？我的死，难道不也是这完美人生的一部分吗？"

你的声音渐渐有些气若游丝，我知道，是时候该说声告别了。

"且慢，"另一个声音拦住了我，"人的逝去，可不意味着化学反应的结束啊。"

听声音是个老汉，我立刻明白过来，他就是你的丈夫。

"哎，在你的书中，我也算是个男主角，难道不该也给我起个名字吗？"老汉似乎有些生气。

我完全没有料到，这场告别仪式会惊起这么多波澜，一时不知怎么回应。

老汉接着说："你也真是的，当年知道给我老伴儿起名颜如玉，就不知道顺便叫我'黄金屋'？书中自有颜如玉，书中自有黄金屋嘛！"

我只得下意识地点点头。

"我跟你说啊老马，"老汉更来劲了，"你给我安排的法医职业我很喜欢。我老伴儿这一走，接下来的事情你就别管了，我来替你写。"

好吧，但是也请千万不要写成法医报告……

2.如玉的心愿

如玉，现在是我来写你亡故后的故事。终于，我也有名字了，就叫"黄金屋"，听起来是不是有点帮派大佬的意味？

马良——哦！不，他本名孙亚飞——也是有意思得很，他居然真的会因为我们这些纸片儿生命的退场而动情。其实他搞错了一件事，就是我们这些活在书上的人，一旦被创作出来，就不会真正地死去。纵然你现在已经离开，可是只要把书翻到最前面，你便又重生了。此刻，那个呱呱坠地的你，那个苦练散打的你，那个初恋相识的你，全都栩栩如生地出现在我眼前。不止如此，对于每一个阅读这本书的人，你都会在他们的视角下度过你的一生。如果说一千个读者眼中有一千个哈姆雷特，那么你的人生在不同人眼中，又何尝不是各式各样的精彩呢？

所以，将我们创作出来的他，又何必为我们而伤感？倒是他作为一个现实三维世界的人，到了逝去的那一天，可就真的不会复生了。

但他提醒得没错，关于你的离别，我不应该用一份法医报告来祭奠，那与你的美丽容颜有些太不相称。

一个人的离世，可以有很多意涵。对我而言，"脑死亡"这个词或许是对死亡最为精确的描述。当脑死亡发生时，脑电图失去了往日的波澜。这多少有一些复杂。一般来说，失去了呼吸就是最基本的死亡判断标准，这似乎也是人们对生死之事最直观的看法。你的故事，以呼吸而始，又以呼吸而终，又恰似走完了一生的循环。

不过，对古人来说，何为生死却未必如此明了，很多文明的葬礼习俗中都还保留着一些痕迹：将尸体妥善地保存起来，甚至可以为此不惜一切代价，似乎尸体不腐就代表这人还活着。这多少有些愚昧，但是不可否认的是，当生命消亡以后，身体腐化的过程也随之进行，不再能够被免疫系统终止或修复，直到面目全非——反过来说，不会变化的肉身至少还可以留住念想。

在野外，通过尸体腐烂的程度判断其是否可以作为食物，是每一个不以纯素食为生的动物都要学会的技能，这或许成为早期人类理解生死之别的初因。

如今，这个近乎于动物本能的技能，却成为我这个职业必须掌握的知识，只是远比过去更精确。因此，从你的五官、皮肤、内脏，甚至是指甲缝中，我都可以看出很多变化。或者说，通过识别遗体上的特征，我可以推断出死亡发生的时间。这并不奇怪，无论是生是死，身体中的化学反应总还是不会停止，并且依然遵循一般的反应规律。

如玉，此刻的你已经听不到我在说什么了。但这也没什么遗憾的，尽管这仍然属于化学人生的一部分，可我实在找不出多少美好的词汇来描述这些过程。在我的职业生涯里，曾经无数次写下过诸如尸斑、尸僵、巨人观这样的术语，我并未对你解释过它们具体的含义。但你知道吗，我带的那些实习生，在第一次面对真实案件中的死者时，常常会被吓得呕吐。

对现代人来说，要想让身体保持生前的模样，可选的办法并不少。老马说的福尔马林如今已不再风靡，但是带有冷冻功能的水晶棺材就可以让遗体不那么容易腐化。当温度足够低的时候，化学反应也会减缓。若是用零下196 ℃的液氮封存遗体，那遗体的化学反应几乎完全停滞。在这种情况下，遗体甚至可以保存千百年之久。嘻，我差点儿忘了，这事儿你知道，几年前就有人在癌症晚期时，让研究机构把自己冻起来，期待有一天医学发达了还可以复活。这新闻还是你告诉我的呢。

不过，你并不愿意选择这样的"不朽"。在不久之前，我们一同签署了遗体捐献的志愿书。我们虽然很老了，有些器官却还能够正常使用，这是一件多幸运的事啊。当我们离开的时候，这些器官就可以被捐献给那些有需要的人，哪怕只是一片小小的眼角膜，也还可以为盲人带来久违的光明。用这样的方式留在世上，我很开心，相信你也一样吧。

几分钟后，你会被推入手术室，而我也会守在手术室外，最后一次陪着你。这一次，我没有丝毫的紧张，更没有绝望，因为我知道，手术门不会突然打开，随后走出来的医生跟我说了一句"已经尽力了"这样的话。

这一次，我可以坐在椅子上，静静地，只是想你。

3.如玉，如尘

如玉，我去看过接受遗体捐献的病人了，是个可爱的小女孩。虽然她饱受疾病折磨，可她坚强的样子像极了你年轻时的模样。小女孩的家属们，还有为你做手术的医生们，都在你完成捐赠以后，对你深深地鞠了一躬，你躺在鲜花丛中，还是那样的优雅。

我要牢牢记住你的容颜——明知道"来生"只是骗人的谎话，但我还是要在跨过奈何桥的时候，偷偷地少喝一口孟婆汤，下辈子再照着你的模样将你找寻。

但我没有太多时间去记忆细节了，因为捐献后不久，你就该下葬了。古往今来，下葬的方式有很多种。土葬和火葬最为普及，但也有人愿意选择海葬之类的特别仪式。

对你而言，这其实已经不再重要。

我们的身体，一直在这个世界完成着各种交换与循环，这让人感到有些奇妙。

就像你曾经吃过的蛋挞，用的虽是超市里就能买到的奶粉，但是制作它的原料，或许来自遥远的呼伦贝尔大草原。那里的奶牛徜徉在嫩草之上，享用着丰盛的宴席。它们食用的草料，虽然就生长在山丘之间，可是牧民撒向它们的肥料却来自好几个地方：既有当地牛羊生产出来的有机肥，也有从工厂不远千里送去的氮肥。这些氮肥都来自经典的合成氨工业，那是一道将氢气和空气中的氮气结合在一起的工序，其中的一些氮气，或许就曾经在你的身体中逗留过。

在这样复杂的关系网络中，你就如同是一处传输节点，把你需要的原子、分子汇聚起来，又排放掉那些你已不再需要的部分。交换，就是我们生存于世的秘籍。

若是我们将尺度放大到人的一生，交换也从未停止过，只是时间与空间的跨度更大了一些而已。构成你身体的原子，说不定也在你的爷爷、太爷爷、高爷爷的身体上出现过，而它们全都可以追溯到五十亿年前一颗死亡的恒星上。我们都没见过那颗传说中的恒星，但它在发生一场灿烂的爆炸以后，又渐渐地聚拢起来，形成了太阳系，也形成了你和我。

无论采用何种下葬方式，都改变不了一个最根本的事实，那就是构成各种组织器官的原子，都已不再需要为这个已经消亡的身体去服务了。这些原子它们可以纵情散去，回到它原本从属的自由宇宙之间翱翔。有一天，它会被另一个生命体俘获，或短暂或长期地成为那个生命体的一部分，如此循环。

当然，并不是所有的原子都这样绝情，总有一些还会继续驻留，就像我此刻手捧的骨灰，其中包含的氧原子、钙原子、硅原子等，会被我继续珍藏，它们的确可以称得上你最忠诚的构筑者。

但这不过是我们自己赋予它们的意义。

我也已经很老了，也许今夜睡去就不会再醒过来，最终的归宿也和你一样，蜷缩在这精致的盒子里。但实际上，那已不再是我，就像现在我所捧着的也不是你，只是对你的哀思罢了。

我们都生于尘世，最后又化作浮尘，这是一场化学人生背后的必然规律。

或许我们生命的意义，从来都不体现在物质之上，不知道创作我们的作者，又将如何为我们盖棺定论？

如玉，等我。

4. 永恒的归宿

在黄金屋也离去以后，我怅然若失。

临终之时，他念念不忘的是一个永恒的哲学命题：生命的意义是什么？

可我无法回答，也许这也将是多年以后我在弥留之际会提出的问题——如果那个时候我还有力气问得出来的话。

赤条条，来去无牵挂。

在我们降生之时，一无所有。这一无所有的，何止是金钱，是物质？就连姓名都不属于我们自己，不过是为了方便别人知道自己是谁。

我们活过一场以后，带不走的又何止是身外之物？就连那些原本构成"我"的原子，也带不走分毫。

生命似乎就是这样毫无意义。

可是换一个角度来说，这似乎又正是生命的真实意义所在。

量子物理学家薛定谔在他那本著名的《生命是什么》中这样写道：要摆脱死亡，要活着，唯一的办法就是从环境里不断地汲取负熵……有机体就是靠负熵为生的，或者更明白地说，新陈代谢的本质就在于使有机体成功地消除了当它活着时不得不产生的全部的熵。

"熵"是一个物理量，它还有个更通俗的名字是"混乱度"。然而，任何一个自然科学家都不可能忽略熵的存在，即便是地球上最聪明的那些脑袋，至今也还不能完全参透熵的本质。

一个常见的生活现象可以帮我们捕捉到熵的气息——当一杯浓糖水和一杯清水倒在一起时，它们会自动混合成两杯稀一些的糖水。这似乎很容易理解，构成糖和水的那些分子，在具有流动性的液体中飞快地移动，最终浓糖水和清水便自发均匀地混合在一起。但是，既然这些微粒能够移动，那么稀糖水是不是也可能会自动变成两部分，一半是清水，另一半却是更浓的糖水呢？

这似乎有些异想天开，即便是在半透膜的协助之下将糖水和水分离，也还是需要施加额外的能量，不靠外力却是万万不能。

可要是从统计学的角度来说，正因为这些微粒会移动，那么总会有那么一个瞬间，液体中所有的糖分子都会分布在同一半区域，剩下的另一半区域就成了清水。这就如同是随机扔一把硬币，总有可能出现同面朝上的情景。只不过，当扔出的硬币数量越来越多时，这种情况出现的概率会越来越低。至于一杯糖水，其中的微粒数量可谓是天文数字，自发分离出清水的概率几乎不存在。

浓糖水和清水能够自发变成稀糖水，相反的过程几乎却不会发生，这就是熵增长带来的效应。当所有糖分子都聚集在同一半区域时，我们可以认为这是一种有秩序的排列方式；而当这些分子均匀地散落在糖水中的每一处角落时，原有的秩序便被打乱了。显然，从有序到无序不费吹灰之力，想要从无序恢复到有序，却是难上加难。为了描述这种有序或无序的程度，物理学家们定义了"熵"，熵越大，就意味着越发混乱。

▶ 熵增死亡

　　在地球上，甚至可以说是在人类已知的宇宙中，熵总是在不断增加。或者说，整个宇宙正在变得更加混乱，而且看不到逆转的可能。某种意义上，熵只会单向增长的特性也约束了时间的方向性，比如当我们看到两个杯子，一杯水中的糖还没融化，而另一杯装着的却已是糖水，就不难判断出前者放入糖的时间更晚一些。

　　同样，我们知道白发苍苍的老人一定比蹦蹦跳跳的孩子更早出生，也是因为人类的身体特征，会在熵的左右之下逐步露出老相，再也回不到从前的模样。

可就是这样一种会不可避免逐渐老去以至亡故的物种，却又坚持在每天的新陈代谢中不断地刷新着自己，和所有生命体一样，对抗着宇宙中最霸道的规律之一。以至于薛定谔这样的物理学家也会为之侧目，惊讶地称呼生命就是一种负熵体系。

将无序重新扭转为有序，便是生命与外界不断交换而实现的结果。尽管这并没有从根本上改变整个宇宙的熵增定律，人类自身却因"有序"而受益。

我作为一种负熵体，尽自己的绵薄之力，压缩着这些文字中的"熵"，让它们有序地演绎出一段故事——故事讲的是"你一生的化学反应"，故事的主角，便是你我。

你我都将离去，但我们却又永恒地存在。或许，这正是生命的意义。